中国民航飞行学院研究生系列教材

ZHONGGUO MINHANG FEIXING XUEYUAN YANJIUSHENG XILIE JIAOCAI

GIS原理与航空应用

GIS YUANLI YU HANGKONG YINGYONG

方学东　编　著

U0340114

西南交通大学出版社

·成　都·

图书在版编目（CIP）数据

GIS原理与航空应用 / 方学东编著. —成都：西南
交通大学出版社，2013.10
中国民航飞行学院研究生系列教材
ISBN 978-7-5643-2608-1

Ⅰ. ①G… Ⅱ. ①方… Ⅲ. ①地理信息系统 – 应用 –
民用航空 – 研究生 – 教材 Ⅳ. ①V19

中国版本图书馆 CIP 数据核字（2013）第196635号

中国民航飞行学院研究生系列教材

GIS原理与航空应用

编著　方学东

责 任 编 辑	孟苏成
助 理 编 辑	曾荣兵　姜锡伟
封 面 设 计	墨创文化
出 版 发 行	西南交通大学出版社
	（四川省成都市金牛区交大路146号）
发行部电话	028-87600564　028-87600533
邮 政 编 码	610031
网　　　址	http://press.swjtu.edu.cn
印　　　刷	成都蓉军广告印务有限责任公司
成 品 尺 寸	170 mm×230 mm
印　　　张	8.75
字　　　数	158千字
版　　　次	2013年10月第1版
印　　　次	2013年10月第1次
书　　　号	ISBN 978-7-5643-2608-1
定　　　价	28.00元

前　言

21世纪，人类已进入一个海量信息的时代，社会的发展、国家与企业的竞争能力越来越依赖于对信息的占有量与处理和利用能力。人类社会的活动，80%以上都和地理空间信息具有密切的联系，如何更快、更好、更充分地利用地理空间信息已成为全球关注的热点。以地理信息系统（GIS）为基础，融合遥感（RS）和全球定位系统（GPS），形成了新兴高技术交叉学科——空间信息科学与技术。该学科主要研究空间信息的获取、存储、管理、查询、分析、应用、共享、可视表达等理论、方法与技术。1998年1月31日，美国副总统戈尔在加利福尼亚科学中心发表题为"数字地球——认识21世纪我们这颗星球"的演讲中首次提出数字地球概念。数字地球的关键支撑技术为GPS技术、RS技术、GIS技术、可视化和虚拟现实技术。

本书是中国民航飞行学院研究生课程建设项目"GIS原理与航空应用"的研究成果之一，用于我校交通运输规划与管理学科的研究生教学。我校交通运输规划与管理学科主要为民航培养高层次的机场规划设计与运行管理、空中交通管理和航空运输管理等方面的高级专门人才。民航交通运输规划与管理学科的诸多研究方向都和地理信息具有密切的关系，本书的编写旨在抛砖引玉，通过将空间信息科学与技术重要分支——GIS引入民航院校的研究生教学，促进民航交通运输规划与管理学科相关研究领域的教学与科研工作。

本书共分六章：第一章为GIS概论，简要介绍GIS的基本概念、组成、主要功能，以及GIS的发展历史；第二章为地球坐标系与地图，在介绍地球形态的基础上，着重阐明常用地球坐标系及其转换方法，最后介绍地图的相关知识；第三章为GIS空间数据模型，以数据库技术的发展为脉络，着重论述了GIS数据的层次模型、关系模型和面向对象数据模型，阐明了空间数据的组织与管理方式及其索引机制；第四章为GIS空间数据结构及数据库，在阐明GIS空间对象的矢量和栅格数据结构的基础上，重点说明了空间数据库的设计；第五章为GIS的功能，详细论述了GIS的空间查询、量算、分析等功能及其算法；第六章为GIS在民用航空中的应用，以机场应急救援GIS系统的设计为实例，系统说明机场应急救援综合方格网图的屏幕矢量化方法，以最佳路径分析为例，阐明GIS分析功能的实现方法。

本书的编著参考了国内其他高校或科研单位科研人员发表的相关科研成果，同时，中国民航飞行学院硕士研究生宋伟伟、郑潇雨完成了大量文献整理、现场调研和系统开发工作，作者在此向参考文献的作者和两位研究生表示诚挚的感谢。

北京超图公司不但提供了平台软件使用授权，而且袁俊江等技术支持人员对软件应用提供了大量帮助，在此致以谢意。

空间信息科学与技术的发展非常迅速，在民航交通运输领域的应用方兴未艾，本书力求能紧跟发展趋势，但由于笔者水平有限，教材中难免存在不足之处，恳请同行专家和读者指正。

笔　者

2012 年 12 月于中国民航飞行学院

目　　录

第1章　GIS概论 ·· 1

1.1　GIS基本概念 ·· 1

1.2　GIS的组成 ··· 3

1.3　GIS的功能概述 ··· 7

1.4　GIS的发展 ··· 9

复习思考题 ·· 12

第2章　地球坐标系与地图 ·· 13

2.1　地球形态 ··· 13

2.2　地球坐标系 ··· 15

2.3　地图及地图投影 ··· 21

2.4　航图简介 ··· 31

复习思考题 ·· 33

第3章　GIS空间数据模型 ·· 34

3.1　概　述 ··· 34

3.2　层次数据模型 ··· 35

3.3　网络数据模型 ··· 36

3.4　关系数据模型 ··· 38

3.5　面向对象数据模型 ··· 40

复习思考题 ·· 42

第4章　GIS空间数据结构及数据库 ·· 43

4.1　概　述 ··· 43

4.2　矢量数据结构 ··· 44

4.3　栅格数据结构 ··· 48

4.4　三维数据结构 ··· 54

4.5　空间数据库设计 ··· 56

　　复习思考题 ··· 58

第5章　GIS的功能 ··· 59
　5.1　空间数据采集 ··· 59
　5.2　空间查询 ··· 67
　5.3　空间几何量算 ··· 71
　5.4　空间分析 ··· 74
　5.5　数字高程模型 ··· 88
　5.6　GIS制图 ··· 96
　　复习思考题 ··· 108

第6章　GIS在民用航空中的应用 ····································· 109
　6.1　概　述 ··· 109
　6.2　GIS在机场应急救援中的应用 ······························· 110
　　复习思考题 ··· 129

附录　常用GIS软件介绍 ··· 130

参考文献 ··· 132

第 1 章　GIS 概论

1.1　GIS 基本概念

1.1.1　GIS 定义

GIS 是 Geographic Information System 的缩写，即地理信息系统。GIS 是在计算机软、硬件系统支持下，对大气层以下的地球表层空间中的有关地理空间数据进行采集、存储、管理、运算、分析、显示与制图输出的计算机技术系统。GIS 处理的对象是各种地理空间数据及其关系，包括空间定位数据、图形数据、遥感数据、属性数据等，用于分析一定地理空间内的各种对象，解决和地理空间对象相关的规划、决策与管理问题。

根据 GIS 的基本定义，可得出 GIS 的基本概念：

（1）GIS 是计算机技术系统，由若干个相互关联的子系统构成，包括数据采集子系统、数据管理子系统、数据处理子系统、数据分析子系统、图像处理子系统、数据输出子系统等。

（2）GIS 的操作对象是地理空间数据，即点、线、面、体这类有空间位置属性的地理实体。空间数据的最根本特点是每一个数据都按统一的地理坐标进行编码，实现对其定位、属性的描述，这是 GIS 的根本标志。

（3）GIS 与测绘学、地理学有着密切的关系。大地测量、工程测量、矿山测量、地籍测量、航空摄影测量和遥感技术为 GIS 中的空间实体提供各种不同比例尺和精度的定位数据。全球定位系统（Global Positioning System，GPS）、数字摄影测量工作站、遥感图像处理系统等现代测绘技术的使用，可直接、快速和自动地获取空间目标的数字化产品，为 GIS 提供实时的信息源。地理学是 GIS 的理论依托。有的学者断言，"地理信息系统和信息地理学是地理科学第二次革命的主要工具和手段。如果说 GIS 的兴起和发展是地理科学信息革命的一把钥匙，那么，信息地理学的兴起和发展将是打开地理科学信息革命的一扇大门，必将为地理科学的发展和提高开辟一个崭新的天地。"

GIS被誉为地学的第三代语言——用数字形式来描述空间实体。

根据研究的范围大小，GIS可分为全球性的、区域性的和局部性的；按研究内容的不同，可分为综合性的与专题性的。同级的各种专题性应用系统集中起来，可以构成相应地域同级的区域综合系统。在规划、建立专题应用系统时，应注意减少重复浪费，提高数据共享程度和实用性。

1.1.2 GIS 与 MIS 的比较

MIS是Management Information System的缩写，即管理信息系统。GIS是处理空间地理对象的计算机系统，图形和图像数据是GIS的主要来源，分析处理的结果也常用图形方式来表达。MIS为处理自然界和社会生活中的各种纯属性数据的计算机系统，不存在空间分析的功能，其处理对象多为各种统计数据、表格数据。GIS和MIS在计算机硬件和软件上都有明显的区别与联系。

1. 两者的区别

在硬件上，为了处理图形和图像数据，GIS需要配置专门的输入和输出设备，如数字化仪、绘图机、图形图像的显示设备等。

在软件上，GIS要求研制专门的图形和图像数据的分析算法和处理软件，这些算法和软件又直接和数据的结构及数据库的管理方法有关。

在信息处理的内容方面，MIS主要是查询和统计分析，处理的结果一般制成表格；而GIS除了基本的查询和统计分析外，主要用于分析地理空间对象的发展变化趋势，提供表格化或图形化的决策资料，为生产实践提供依据。

GIS处理空间对象的基本方法为系统分析法，研究GIS中各组成部分间的相互关系，利用统计数据建立系统的数学模型，根据给定的目标函数，进行数学规划，寻求最优方案，使该系统的经济效益为最佳。

GIS有别于MIS之处还有空间分析量算的功能，如计算面积、长度、方向、体积等以及地理实体之间的关系运算。

2. 两者共同之处

GIS和MIS也有许多共同之处。如两者都是以计算机为核心的信息处理系统，都具有数据量大和数据之间关系复杂的特点，也都随着数据库技术的发展在不断地改进和完善。

1.2 GIS 的组成

与普通的管理信息系统类似，一个完整的 GIS 主要由四个部分构成，即计算机硬件系统、计算机软件系统、地理空间数据和 GIS 技术人员。构成 GIS 的基础是计算机系统（软件和硬件），GIS 的核心是地理空间数据，而技术人员则是 GIS 的灵魂，决定系统的工作方式和信息表示方式。GIS 构成如图 1.1 所示。

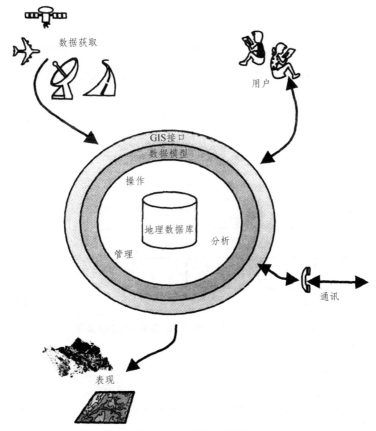

图 1.1 GIS 的构成

1.2.1 GIS 硬件

计算机硬件系统是计算机系统中的实际物理装置的总称，包括电子的、电的、磁的、机械的、光学的元件或装置，构成 GIS 的物理外壳。计算机硬件系统的性能、功能具有重要意义，受其指标的支持或制约。GIS 由于其任务的复杂性，必须由计算机硬件设备支持。构成计算机硬件系统的基本组件包括输入/输出设备、中央处理单元、存储器等，这些硬件组件协同工作，向计算机系统提供必要的信息，保存数据，将处理得到的结果或信息提供给用户。图 1.2 表示了常见的实现输入、输出功能的计算机外部设备，其中，GIS 专用的外部设备包括数字化仪、扫描仪、解析测图仪、测绘仪器和遥感图像处理系统，用于实现数据采集。

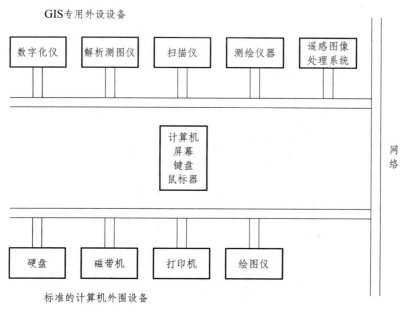

图 1.2　计算机标准外设和 GIS 使用的外设

1.2.2　GIS 软件

GIS 软件由计算机系统软件、GIS 专用软件和各种应用程序构成。

1. 计算机系统软件

指由计算机生产厂家提供，为用户使用计算机提供方便的程序系统。通常包括各种操作系统、汇编程序、编译程序、诊断程序、库程序以及各种维护使用手册、程序说明等，是 GIS 日常工作所必需的系统软件。

2. 地理信息系统软件和图形图像软件

包括国内外开发的通用 GIS 软件包，以及数据库管理系统、计算机图形软件包、计算机图像处理系统、CAD 等，用于对空间数据进行输入、存储、转换、输出和为用户接口提供支持。

3. GIS 应用分析程序

GIS 应用分析程序是系统开发人员或用户根据特定地理专题编制的用于某种特定地理应用任务的程序。在 GIS 工具支持下，应用程序的开发应是透明的和动态的，与系统的物理存储结构无关，而随着系统应用水平的提高不断优化和扩充。应用程序作用于地理专题，构成 GIS 的具体内容，从空间数据中提取地理信息。用户进行 GIS 系统开发的大部分工作是开发 GIS 应用程序，而应用程序的水平在很大程度上决定了系统应用性的优劣和成败。

GIS 软件包功能结构见图 1.3。

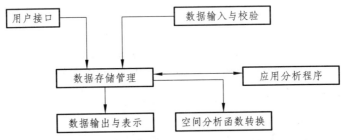

图 1.3 地理信息系统软件的功能框架

1.2.3 GIS 技术人员

技术人员是 GIS 的重要构成因素，是 GIS 系统的灵魂。GIS 不同于一幅静态的地图，而是一个动态的地理模型。仅有系统软硬件和数据还不能构成完整的地理信息系统，需要技术人员进行系统组织、管理、维护和数据更新、系统扩充完善、应用程序开发，并灵活运用地理分析模型提取多种信息，为研究和决策服务。对于合格的系统设计、运行和使用来说，地理信息系统专业技术人员是地理信息系统应用的关键，而强有力的组织是系统运行的保障。一个周密规划的地理信息系统项目应包括负责系统设计和执行的项目经理、信息管理的技术人员、系统用户化的应用工程师以及最终运行系统的用户。

1.2.4　空间数据

空间数据是指大气层（含）以下以地球表面地理空间位置为参照的自然界和社会生活中的各种数据，包括图形、图像、文字、表格和数字等表现形式。空间数据由 GIS 系统的建立者通过数字化仪、扫描仪、键盘、磁带机或其他系统通讯输入 GIS，是系统程序作用的对象，是 GIS 所表达的现实世界经过模型抽象的实质性内容。在 GIS 中，空间数据主要包括：

1．位置数据

位置数据即空间几何坐标，标志地理实体在自然界中的空间位置，如经纬度地理坐标、平面直角坐标、投影坐标、极坐标等。采用数字化仪输入时通常采用数字化仪直角坐标或屏幕直角坐标。

2．关系数据

地理实体间的空间关系通常包括：度量关系，如两个线状地物之间的距离和方位；拓扑关系，定义了地物之间的连通、邻接、包含关系，是 GIS 分析中最基本的关系，其中包括网络结点与网络线之间的枢纽关系[见图 1.4（a）]，边界线与面实体间的构成关系[见图 1.4（b）]，面实体与岛或内部点的包含关系[见图 1.4（c）]等。

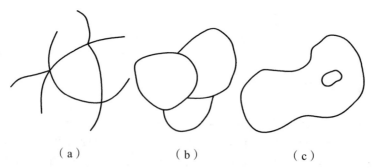

（a）　　　　　　　　（b）　　　　　　　　（c）

图 1.4　几种典型的拓扑关系

3．属性数据

地理空间对象的属性数据是与地理实体相联系的地理变量或地理意义。属性分为定性和定量两种，前者包括名称、类型、特性等，后者包括数量和等级。定性描述的属性如特殊空域的空域类型、导航台类别等；定量的属性如空域面积、航线长度、人口数量等。属性数据一般经过抽象的概念，通过分类、命名、量算、统计得到。任何地理实体至少有一个属性，而地理信息系统的分析、检索和表示主要是通过属性的操作运算实现的，因此，属性的分类系统、量算指标对系统的功能有较大的影响。

1.3 GIS 的功能概述

地理信息系统的核心功能可归纳为五个方面：数据的获取、数据的初步处理、数据的存储及检索、数据的查询与分析、图形的显示与交互。

图 1.5 说明了 GIS 功能之间的关系，以及它们操作数据的不同表现。

从图 1.5 中可以看出，数据获取是从现实世界的观察测量以及从现存文件或地图中获取数据。有些数据已经是数字化的形式，但是往往需要进行数据预处理，将原始数据转换为结构化的数据，以使其能够被 GIS 系统查询和分析。查询分析是求取数据的子集或对其进行转换，并交互显示结果。在整个处理过程中，都需要数据存储检索以及交互表现两项功能的支持，换言之，这两项功能贯穿了地理信息系统数据处理的始终。

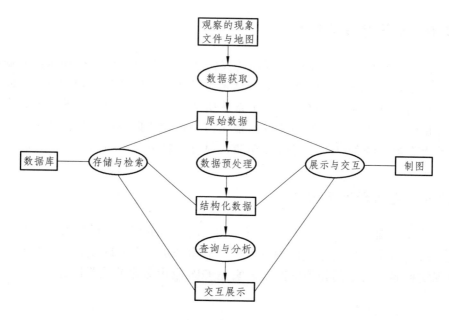

图 1.5 GIS 功能及表现

1.3.1　数据采集

数据采集主要用于获取数据，保证地理信息系统数据库中的数据在内容与空间上的完整性、数值逻辑一致性与正确性等。

一般而论,地理信息系统数据库的建设占整个系统建设投资的70%以上,因此，信息共享与自动化数据输入成为地理信息系统研究的重要内容。

目前，可用于地理信息系统数据采集的方法与技术主要包括：GPS等测绘仪器实测、手扶跟踪数字化、扫描屏幕自动化输入、遥感数据集成。

1.3.2　数据处理

数据处理主要包括数据格式化、转换、概括。数据的格式化是指不同数据结构的数据间变换；数据转换包括数据格式转化、数据比例尺的变化、投影方式的变换等。在数据格式的转换方式上，矢量到栅格的转换要比其逆运算快速、简单。数据比例尺的变换涉及数据比例尺的缩放。投影变换指不同坐标之间的平移、旋转等。目前，地理信息系统所提供的数据概括功能极弱，与地图综合的要求还有很大差距，需要进一步发展。

1.3.3　数据存储与组织

这是建立地理信息系统数据库的关键步骤，涉及空间数据和属性数据的组织。栅格、矢量或栅格/矢量混合结构是常用的空间数据组织方法。空间数据结构的选择在一定程度上决定了系统所能执行的数据与分析的功能；在地理数据组织与管理中，最为关键的是如何将位置数据与属性数据融为一体。目前大多数系统都是将二者分开存储，通过地物 ID 码来连接。

1.3.4　空间查询与分析

空间查询是 GIS 最基本的分析功能，而空间分析是 GIS 的核心功能，也是 GIS 与其他计算机系统的根本区别。模型分析是在 GIS 支持下，分析和解决现实世界中与空间相关的问题，它是 GIS 应用深化的重要标志。

1. 空间检索

包括从空间位置检索空间物体及其属性和从属性条件集检索空间物体。

"空间索引"是空间检索的关键技术，如何有效地从大型的地理信息系统数据库中检索出所需信息，将影响地理信息系统的分析能力；再者，空间物体的图形表达也是空间检索的重要部分。

2．空间拓扑叠加分析

空间拓扑叠加实现了输入要素属性的合并以及要素属性在空间上的连接。空间拓扑叠加本质是空间意义上的布尔运算。

3．空间模型分析

在空间模型分析方面，目前多数研究工作着重于如何将地理信息系统与空间模型分析相结合。其研究可分三类：

第一类是地理信息系统外部的空间模型分析，将地理信息系统当做一个通用的空间数据库，而空间模型分析功能则借助于其他软件。

第二类是地理信息系统内部的空间模型分析，试图利用地理信息系统软件来提供空间分析模块以及发展适用于问题解决模型的宏语言。这种方法一般是基于空间分析的复杂性与多样性。

第三类是混合型的空间模型分析，其宗旨在于尽可能地利用地理信息系统所提供的功能，同时也充分发挥地理信息系统使用者的能动性。

1.3.5　图形输出与交互显示

地理信息系统为用户提供了许多用于地理数据表现的工具，其形式既可以是计算机屏幕显示，也可以是诸如报告、表格、地图等硬拷贝图件，以及地图综合制图输出。成熟的地理信息系统均可提供良好的、交互式制图环境，以供地理信息系统的使用者设计和制作出高质量的专题地图。

1.4　GIS 的发展

GIS 脱胎于地图，是地理信息的载体，具有采集、存储、编辑、处理、分析与显示地理数据的功能。地图是地理学的第二代语言，而 GIS 是地理学的第三代语言。

1.4.1 GIS 的发展简史

20 世纪 60 年代是 GIS 思想和技术的开拓阶段。60 年代初，计算机技术开始用于地图量算、分析和制作，由于机助制图具有快速、廉价、易于更新、便于存储、量测、分类、合并和叠加分析等优点而迅速发展起来。60 年代中期，由于对于自然资源和环境的规划管理和应用加速增长的需要，对大量空间数据存储、分析和显示技术方法改进的要求，以及计算机技术及其在自然资源和环境数据处理中应用的迅速发展，促使对地图进行综合分析和输出的系统日益增多。60 年代中后期，许多与 GIS 有关的组织和机构纷纷建立并开展工作，如美国"城市和区域系统协会"（URISA）在 1966 年成立，"城市信息系统跨机构委员会"（UAAC）在 1968 年成立，"国际地理联合会"（IGU）的"地理数据遥感和处理小组委员会"在 1968 年成立，美国"信息系统全国协会"（NASIS）在 1969 年成立等。

最初的 GIS 用于土地管理，如国际上最早建立的、较为完善的大型 GIS——加拿大地理信息系统（CGIS）就是为处理加拿大土地调查获得的大量数据而建立的。CGIS 由加拿大政府组织，于 1963 年开始研制实施，到 1971 年投入正式运行。

由于 20 世纪 60 年代计算机硬件系统功能较弱，限制了软件技术的发展。这一时期地理信息系统软件的研制主要是针对具体的 GIS 应用进行的，到 60 年代末期，针对 GIS 一些具体功能的软件技术有了较大进展。

第一，栅格——矢量转换技术、自动拓扑编码以及多边形中拓扑误差检测等方法得以发展，开辟了分别处理图形和属性数据的途径。

第二，单张或部分图幅可以与其他图幅或部分在图边自动拼接，从而构成一幅更大的图件，使小型计算机能够分块处理较大空间范围的数据文件。

第三，采用命令语言建立空间数据管理系统，对属性再分类、分解线段、合并多边形、改变比例尺、测量面积、产生图与新的多边形、按属性搜索、输出表格与报告以及多边形的叠加处理等。

20 世纪 70 年代是 GIS 的发展巩固阶段。进入 70 年代以后，由于计算机硬件和软件技术的飞速发展，尤其是大容量存取设备——硬盘的使用，为空间数据的录入、存储、检索和输出提供了强有力的手段。用户屏幕和图形、图像卡的发展增强了人机对话和高质量图形显示功能，促使 GIS 朝着使用方向迅速发展。一些发达国家先后建立了许多不同专题、不同规模、不同类型的各具特色的地理信息系统。如美国森林调查局发展了全国林业统一使用的资源信息显示系统；日本国土地理院从 1974 年开始建立数字国土信息系统，存储、处理和检索测量数据、航空相片信息、行政区划、土地利用、地形地质等信息，为国家和地区土地规划服务；法国建立了地理数据库 GITAN 系统和深部地球物理信息系统等。

此外，探讨以遥感数据为基础的地理信息系统逐渐受到重视，如将遥感纳入地理信息系统的可能性、接口问题以及遥感支持的信息系统的结构与构成等问题；美国喷气推动实验室（JPL）在 1976 年研制成功兼具影像数据处理和地理信息系统功能的影像信息系统 IBIS（Image Based Information System），可以处理 Landsat 影像多光谱数据；NASA 的地球资源实验室在 1979—1980 年发展了一个名为 ELAS 的地理信息系统，该系统可以接受 Landsat MSS 影像数据、数字化地图数据、机载热红外多波段扫描仪以及海洋卫星合成孔径雷达的数据等，产生地面覆盖专题图。

20 世纪 80 年代为 GIS 理论、方法和技术取得突破，趋向成熟的阶段。由于计算机的发展，推出了图形工作站和个人计算机等性能价格比大为提高的新一代计算机，计算机和空间信息系统在许多部门得到广泛应用，研制了大量的微机 GIS 软件系统。这一时期的地理信息系统的发展有如下特点：

第一，在 70 年代技术开发的基础上，地理信息系统技术全面推向应用。

第二，国际合作日益加强，开始探讨建立国际性的地理信息系统，地理信息系统由发达国家推向中国等发展中国家。

第三，地理信息系统技术进入多种学科领域。

第四，微机地理信息系统蓬勃发展，并得到广泛应用。

我国地理信息系统方面的工作自 80 年代初开始。以 1980 年中国科学院遥感应用研究所成立的全国第一个地理信息系统研究室为标志，在几年的起步发展阶段中，我国地理信息系统在理论探索、硬件配制、软件研制、规范制定、局部系统建立、初步应用实验和技术队伍培养等方面都取得了进步，积累了经验，为全国范围内开展地理信息系统的研制和应用奠定了基础。

20 世纪 90 年代是 GIS 形成产业，进入社会化的阶段。进入 90 年代，随着地理信息产业的建立和数字化信息产品在全世界的普及，地理信息系统深入到各行各业，成为人们生产、生活、学习和工作中不可缺少的工具和助手。地理信息系统已成为许多机构必备的工作系统，国家级乃至全球性的地理信息系统已成为公众关注的问题。

自 90 年代起，中国地理信息系统步入快速发展阶段，力图使地理信息系统从初步发展时期的实验、局部应用走向实用化和生产化，为国民经济重大问题提供分析和决策依据。同时地理信息系统的研究和应用正逐步形成行业，具备了走向产业化的条件。

1.4.2 地理信息系统的发展展望

1. 网络 GIS

对于 GIS 的发展，计算机网络技术是起到质变作用的重要技术。网络GIS 对 GIS 的促进主要表现在两个方面：一是地理空间数据库的共享；二是 GIS 应用实现网络并发处理。网络技术使得数据库在地理位置上以分布的方式存在，各个数据库可以局部分散生产和维护，网络使这些分布在局部的数据库相互之间可以连接起来实现资源共享。网络的发展使得 GIS 数据在更大范围内的使用提供了有效途径。网络 GIS 使得分布在不同地理位置的用户可以通过网络实现网上地理空间数据的各类空间操作。

2. GIS 全球化

网络技术的发展使得传统意义上的空间距离得以缩小，涉及全球变化的气候变化、沙尘暴、海平面上升等国际问题，使得 GIS 这种处理空间数据的技术手段成为得力工具。GIS 越来越成为一种有效的处理全球问题的工具，帮助人们了解自然和社会的变化状况。目前世界各国都在积极地发展和使用GIS、制定有关地理信息的政策、开展 GIS 项目，GIS 的标准化对于它在全球范围内的推广和使用将起到促进作用，国际标准化组织已经专门就地理空间技术从各个方面进行标准化制定和实施。

3. GIS 大众化

由于网络 GIS 的迅速发展，正潜移默化地改变着人们的日常生活。传统方式上利用纸质地图的定位和导航，正被数字地图所替代。存储于计算机中的地理空间数据库，使人们轻点鼠标，即可得到地理信息的服务。餐馆、酒店、娱乐中心、商场、银行、旅游景点等信息的查找，以及从一个地点到另一个地点的最佳路径确定等，GIS 已成为最好的工具。

复习思考题

1. GIS 的定义是什么？
2. 对比 GIS 和 MIS 的异同点。
3. 分析 GIS 的构成及各部分的作用。
4. GIS 的主要功能有哪些？

第 2 章　地球坐标系与地图

2.1　地球形态

2.1.1　地球几何形体

人类赖以生存的地球，其表面是一个具有高山、丘陵、平原、凹地、海洋等高低起伏形态的不规则曲面。陆地上最高的珠穆朗玛峰海拔高程为 8 844.43 m，海洋里最低的马里亚纳海沟深约 11 022 m。虽然最高山峰与最深海沟之间的高程之差接近 20 000 m，但整体上看，地球是一个表面不规则的近似于梨形的椭球体，其极半径略短、赤道半径略长、北极略突出、南极略扁平。科学统计表明，地球表面的陆地面积约占 29%，海洋面积约为 71%。由此，我们可以把地球看成是一个被海水面所包围的椭球体。

地理空间中任意一点的重力作用线，称为铅垂线；自由静止的水面，称为水准面。水准面是处处与铅垂线相垂直的封闭曲面，因此随着高度不同有无数个水准面。海水面是一个特殊的水面，由于潮汐、风波等因素，人们无法获得一个静止的海水面，但可通过设立验潮站，用其若干年的观测资料，求出一个平均海水面。但由于不同验潮站的观测数据不同，不同的国家与地区的平均海水面之间略有差异，因此定义了大地水准面。假设该水准面是与平均海水面重合，并向大陆、岛屿延伸所形成的封闭曲面，如图 2.1 所示。大地水准面也具有处处与铅垂线相垂直的特性，由于地球内部物质结构不同、分布不均，不同位置的铅垂线并不是有规律地指向地球的质量中心或某一特定的点，这样，大地水准面也是一个有微小起伏的不规则曲面。大地水准面所包围的形体，称为大地体，大地体的形状代表了地球的基本形状。由图 2.1 可以看出，地理空间任意一点的铅垂线与通过该点的地球椭球面法线，一般不重合，它们之间的差值称为垂线偏差。

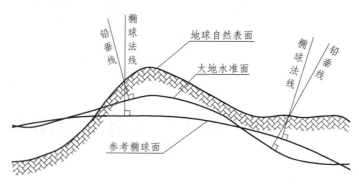

图 2.1   地球基准线和基准面

2.1.2   参考椭球体

由于大地体表面仍然是具有微小起伏的不规则曲面，无法用数学公式来描述，地理空间中的各种要素，也无法通过数学方法在大地体表面进行表达与处理。由此，在地球科学领域，应用一个与大地的形状、大小最为接近、拟合最好且能用数学函数表示的椭球体来代表大地体——地球椭球体。如图2.2 所示，地球椭球体是由用数学公式表示的椭圆绕其短轴（地轴）旋转而成。它的参数包括：长半径 a、短半径 b、扁率 α、第一偏心率 e、第二偏心率 e'，这些参数合称为椭球体元素，它们决定了地球椭球体的形状、大小。椭球体元素之间有如下关系：

$$\begin{cases} \alpha = (a-b)/a \\ e = \sqrt{(a^2 - b^2)/a^2} \\ e' = \sqrt{(a^2 - b^2)}/b^2 \end{cases} \qquad (2.1)$$

在式（2.1）中，只需知道至少有一元素是半径的任意两个元素，就可以求出任何其他元素。地球椭球体面（地球椭球体表面）虽然整体上与大地水准面（大地体表面）拟合最佳，但不同地区的大地水准面到地球椭球面的距离不同，该距离的大小直接影响地理空间要素，归算到地球椭球体面上的精确度，因此，不同的国家与地区，根据不同时期的观测资料，建立了与本区域大地水准面拟合最佳的地球椭球体。为与全球统一的地球椭球体概念加以区别，各自国家或地区建立的地球椭球体为参考椭球体。参考椭球体是建立空间参考系统的基础。我国在 1952 年以前使用的是海福特（Hayford）椭球体；从 1953 年起采用苏联建立的克拉索夫斯基椭球，建立了我国的"1954 年北京坐标系"；1978 年起根据大地测量观测资料，使用 1975 年 IUGG 第十六届大会推荐椭球参数，建立了"1980 年国家大地坐标系"；在 GPS 中，美国使用 1984 年 IUGG 第十七届大会推荐椭球参数，建立了 GPS 专用"WGS—84 坐标系统"。

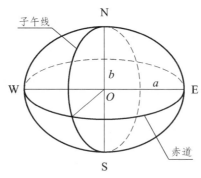

图 2.2　地球椭球体

2.2　地球坐标系

2.2.1　地球坐标系的定义

地球坐标系分为地球直角坐标系和地球球面坐标系。在卫星大地测量中，通常把地球球面坐标系称为大地坐标系。

地球直角坐标系定义：如图 2.3 所示，原点 O 与地球质心重合，Z 轴指向地球北极（地球旋转轴与地球表面或地球椭球面的交点），X 轴为 O 点指向过英国格林尼治的起始子午面与地球椭球赤道的交点 E，Y 轴垂直于 XOY 平面且 X、Y、Z 轴构成右手坐标系。地理空间中的 P 点位置，用地球直角坐标（X，Y，Z）表示。

大地坐标系定义：大地坐标系的球面是长半径为 a、短半径为 b 的椭圆绕短轴旋转后所形成的椭球面。椭球球心与地球直角坐标系原点 O（地球质心）重合，短轴与地球直角坐标系 Z 轴（地球旋转轴）重合。包含椭球中心且垂直于短轴的平面称为地球赤道面，包含椭球短轴的平面称为椭球子午面，通过格林尼治天文台的椭球子午面定义为起始子午面。地理空间中 P 点的位置，用大地坐标（L，B，H）表示。L 为过 P 点的椭球子午面与起始子午面之间的夹角，称为大地经度；B 为过 P 点的地球椭球面法线与地球赤道面的夹角，称为大地纬度；H 为 P 点沿 P 点椭球面法线方向至椭球面的距离，称为大地高程。

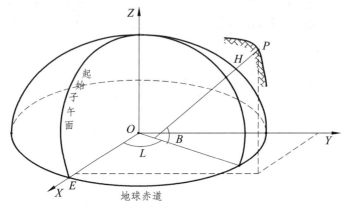

图 2.3   地球坐标系

2.2.2   地球直角坐标系与大地坐标系的关系

可以证明，地球直角坐标（X，Y，Z）与大地坐标（L，B，H）有如下关系：

$$\begin{cases} X = (N+H)\cos B \cos L \\ Y = (N+H)\cos B \sin L \\ Z = [N(1-e^2)+H]\sin B \end{cases} \qquad (2.2)$$

式中 N——椭圆(包含法线且与子午面垂直的平面与椭球面的交线)曲率半径，

$$N = \frac{a}{\sqrt{1-e^2 \sin^2 B}} \qquad (2.3)$$

e ——椭圆的第一偏心率，其值由式（2.1）计算。

$$\begin{cases} L = \arctan \dfrac{Y}{X} \\ B = \arctan \left[\tan \varPhi \left(1 + \dfrac{ae^2 \sin B}{Z\sqrt{1-e^2 \sin^2 B}} \right) \right] \\ H = \dfrac{\cos \varPhi \sqrt{X^2+Y^2+Z^2}}{\cos B} - N \end{cases} \qquad (2.4)$$

式中

$$\varPhi = \arctan \frac{Z}{\sqrt{X^2 + Y^2}}$$

对于纬度 B，由式（2.4）计算时需要进行迭代计算，但由于其收敛速度较快，因此仍普遍采用。实际亦有直接解算公式，但计算式比较复杂，读者可参考有关文献。

2.2.3　WGS—84 坐标系和我国国家大地坐标系

前已叙及，大地体（大地水准面所包围的形体）是不规则的、近似于梨形的形体，相对于能用数学公式表达的地球椭球体而言，不同地理位置的大地体，其凸凹程度存在较大差异。为了满足不同用途和保证各区域定位精度和使用上的方便，地球坐标系有公用的坐标系，也有各个国家或地区建立的地球坐标系。

1. WGS—84 坐标系

WGS—84（World Geodetic System）坐标系由美国国防部测量局从 20 世纪 60 年代开始建设，分别建有 WGS—60、WGS—66、WGS—72，经过不断地改进，于 1984 年启用 WGS—84。GPS 使用 WGS—84。由于 GPS 在世界各个国家、各个领域广泛应用，WGS—84 顺理成章地成为了全球公用的地球坐标系。WGS—84 坐标系对应椭球的参数，采用的是国际时间局（BHI）1984年定义的协议地球参考系（CTS—84）的参数，只是 WGS—84 的坐标原点相对 CTS—84 的坐标原点略有偏移。

为了使 WGS—84 尽量与 CTS—84 完全一致，美国在坐标原点、尺度因子、经度零点等定义上做了一些改进，可以把 WGS—84 看成是国际协议地球坐标系（CTS）的一个实现，它也是目前最高精度水平的全球大地测量参考系。

WGS—84 直角坐标系定义：坐标原点位于地球质心，Z 轴由原点指向国际时间局（BHI）1984.0 定义的协议地极（CTP）方向，X 轴指向 BIH1984.0 的协议子午面与 CTP 对应赤道的交点，X 轴、Y 轴与 Z 轴构成右手坐标系，属地心坐标系。

WGS—84 椭球元素，采用国际大地测量（IAG）与地球物理联合会（IUGG）第十七届大会的推荐值，其长半径 a、地球引力常数（含大气层）GM、正常

化二阶带谐系数 $\overline{C_{2.0}}$ 和地球自转角速度 ω 四个基本常数为

$$a = 6\,378\,137 \text{ m}$$

$$\text{GM} = 3\,986\,005 \times 10^8 \text{ m}$$

$$\overline{C_{2.0}} = -484.166\,85 \times 10^6$$

$$\omega = 7\,292\,115 \times 10^{-11} \text{ rad/s}$$

由这四个基本常数可以计算出椭球的其他常数，如椭球扁率 $\alpha=1/\,298.257\,223\,563$。

中国民航自 2007 年 7 月 1 日起开始使用世界大地坐标系统（WGS—84）。该坐标系统作为全球民用航空领域普遍使用的测量基准，有利于促进卫星导航、区域导航、增强近地告警等空中航行新技术的全面应用和充分发挥飞机先进机载设备的作用，对于解决西部地形复杂机场的安全运行问题、提高东部地区有限空域资源的使用效率大有裨益。

2. 我国国家大地坐标系

我国目前使用的国家大地坐标系有两个：“1954 年北京坐标系”（简称 BJ54）和“1980 年国家大地坐标系”（简称 GDZ80），二者均为参心坐标系。

（1）“1954 年北京坐标系”。我国在 1949 年后，由于历史条件限制，没有建立椭球的足够资料，以克拉索夫斯基椭球为参考椭球、普尔科沃为坐标原点，并与苏联 1942 年大地坐标系进行联测、计算，建立了我国的大地坐标系，命名为“1954 年北京坐标系”。“1954 年北京坐标系”椭球的长半径 a、扁率 α 的值如下：

$$a = 632\,782\,45 \text{ m}$$

$$\alpha=1/\,298.3$$

（2）“1980 年国家大地坐标系”。根据“1954 年北京坐标系”，我国建成了全国天文大地网，为国家的经济建设和国防建设发挥了巨大的作用。由于 BJ54 的椭球参数和大地原点实际上是苏联的 1942 年坐标系，随着测绘理论与技术的不断发展、完善和我国区域内测绘成果的实际验证，发现 BJ54 系统存在诸多缺陷。比如：椭球参数误差较大，长半径 a 比现代精密大地椭球参数大一百多米；参考椭球面与我国大地水准面相差较大，在我国东部地区最大相差达 68 m；椭球短轴指向不明确；几何大地测量与物理大地测量的参考面不统一，等等。为了改进这些不足，我国根据已有观测资料，建立了“1980 年国家大地坐标系”。

"1980 年国家大地坐标系"的定义为：直角坐标系原点为参考椭球中心（不在地球质心），Z 轴（椭球短轴方向）平行于地球自转轴（地球质心指向地极原点 JYD1968.0 的方向），起始子午面平行于格林尼治平均天文台子午面。X 轴位于起始子午面内，且与 Z 轴垂直，指向大地零经度方向，X 轴、Y 轴与 Z 轴构成右手坐标系，椭球参数采用 1975 年 IGUU 第十六届年会的推荐值，其四个基本常数为

$$a = 6\,378\,140\ \mathrm{m}$$

$$GM = 398\,600\,5 \times 10^{8}\ \mathrm{m}$$

$$J_2 = 1.08263 \times 10^{-3}$$

$$\omega = 7292115 \times 10^{-11}\ \mathrm{rad/s}$$

式中　　a, GM, ω ——与 WGS—84 坐标系椭球元素含义相同；

J_2 ——地球重力场二阶带谐系数；

J_2 —— $J_2 = -\overline{C_{2.0}} \cdot \sqrt{5}$。

由上述四个参数，可以计算出椭球扁率 $\alpha = 1/298.257$。

2.2.4　不同地球直角坐标系之间的转换

全球统一的地球直角坐标系，其原点位于地球椭球中心 O（地球质心），z 轴为地球旋转轴，x 轴为原点 O 点指向过英国格林尼治的起始子午面与地球椭球赤道的交点 e，x、y、z 轴构成右手坐标系。实际上，目前世界各国所使用的地球直角坐标系，与全球的统一地球直角坐标系，在原点位置、三个轴的方向上，一般都存在一些微小差异。全球定位系统（GPS）使用的直角坐标系为 WGS—84，我国建立的直角坐标系为"1954 年北京坐标系"（BJ54）和"1980 年国家大地坐标系"（GDZ80），它们属于三个不同的地球坐标系，且 BJ54 与 GDZ80 属于两个不同参心（参考椭球中心）的地球坐标系。

地球直角坐标系之间的转换，包括地心直角坐标与参心直角坐标、不同的两个参心直角坐标之间的转换。对于我国，主要有 WGS—84 与 BJ54 或 GDZ80 之间的转换和 BJ54 与 GDZ80 之间相互转换等。

进行不同地球直角坐标系之间的转换，关键是建立两个坐标系之间转换的数学模型。如图 2.4 所示，设原点分别为 L 和 W 的 L-xyz 和 W-XYZ 为两个不同的地球直角坐标系，地理空间点 P 在这两个不同坐标系中的坐标分别为 (x, y, z) 和 (X, Y, Z)。根据 (X, Y, Z) 求 (x, y, z)，可采用布尔萨（Bursa-Wolf）模型。

该模型含有七个转换参数，分别为：

（1）3个平移参数：Δx，Δy，Δz，即是 W-XYZ 坐标系原点 W 在 L-xyz 坐标系中的坐标。

（2）3个旋转参数：ε_x，ε_y，ε_z，它们是 W-XYZ 坐标系分别绕 X、Y、Z 坐标轴旋转的角值，旋转后 W-XYZ 坐标系中的 X、Y、Z 轴分别与 L-xyz 坐标系中的对应的 x、y、z 轴平行；

（3）1个为尺度变化因子：k。

若已知上述七个参数和（X，Y，Z），则（x，y，z）可用下式求出：

$$\begin{pmatrix} x \\ y \\ z \end{pmatrix} = \begin{pmatrix} \Delta x \\ \Delta y \\ \Delta z \end{pmatrix} + (1+k)R(\varepsilon_z)\ R(\varepsilon_y)\ R(\varepsilon_x)\begin{pmatrix} X \\ Y \\ Z \end{pmatrix} \tag{2.5}$$

式中　$R(\varepsilon_z), R(\varepsilon_y), R(\varepsilon_x)$ —— 三个旋转矩阵，其具体表达式为

$$\begin{cases} R(\varepsilon_x) = \begin{pmatrix} 1 & 0 & 0 \\ 0 & \cos\varepsilon_x & \sin\varepsilon_x \\ 0 & -\sin\varepsilon_x & \cos\varepsilon_x \end{pmatrix} \\ R(\varepsilon_y) = \begin{pmatrix} \cos\varepsilon_y & 0 & -\sin\varepsilon_y \\ 0 & 1 & 0 \\ \sin\varepsilon_y & 0 & \cos\varepsilon_y \end{pmatrix} \\ R(\varepsilon_z) = \begin{pmatrix} \cos\varepsilon_z & \sin\varepsilon_z & 0 \\ -\sin\varepsilon_z & \cos\varepsilon_z & 0 \\ 0 & 0 & 1 \end{pmatrix} \end{cases} \tag{2.6}$$

实际计算中，WGS—84、BJ54、GDZ80 之间的 k，ε_x，ε_y，ε_z 均为微小量，为了简化计算，可认为 $\cos\varepsilon_i \approx 1, \sin\varepsilon_i \approx \varepsilon_i$，$k\varepsilon_i \approx 0$，$\varepsilon_i\varepsilon_j \approx 0$　$(i = x, y, z;$ $j = x, y, z)$，则式（2.6）可写为

$$\begin{pmatrix} x \\ y \\ z \end{pmatrix} = \begin{pmatrix} \Delta x \\ \Delta y \\ \Delta z \end{pmatrix} + (1+k)\begin{pmatrix} X \\ Y \\ Z \end{pmatrix} + \begin{pmatrix} 0 & \varepsilon_z & -\varepsilon_y \\ -\varepsilon_z & 0 & \varepsilon_x \\ \varepsilon_y & -\varepsilon_x & 0 \end{pmatrix}\begin{pmatrix} X \\ Y \\ Z \end{pmatrix} \tag{2.7}$$

令：$x_L = (x\ \ y\ \ z)^{\mathrm{T}}, X_W = (X\ \ Y\ \ Z)^{\mathrm{T}}, R = (\Delta x\ \ \Delta y\ \ \Delta z\ \ k\ \ \varepsilon_x\ \ \varepsilon_y\ \ \varepsilon_z)^{\mathrm{T}}$，

$$C = \begin{pmatrix} 1 & 0 & 0 & X & 0 & -Z & Y \\ 0 & 1 & 0 & Y & Z & 0 & -X \\ 0 & 0 & 1 & Z & -Y & X & 0 \end{pmatrix}$$

则式（2.7）整理后可得

$$x_L = X_W + C\Delta R \qquad\qquad (2.8)$$

由式（2.8）可知，如果已知两个坐标系转换的布尔萨模型的七个转换参数，就可由空间某点在一个坐标系中的坐标，求出该点在另一坐标系中的坐标；如果不知道这七个转换参数，则需要有若干在两个坐标系中的坐标均为已知的重合点，利用重合点的已知坐标值，根据式（2.8）列出至少七个方程解算出七个转换参数，然后再利用布尔萨模型，进行其他点的坐标转换。每一个重合点可列出三个方程，因此列出七个求解转换参数的方程，至少应有三个重合点。

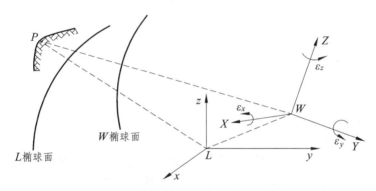

图 2.4　不同地球直角坐标系之间的关系

2.3　地图及地图投影

2.3.1　地图基本概念

地图是现实世界的模型，它遵循一定的数学法则，将复杂的三维现实世界中的地理信息通过科学的概括投影到二维平面媒介上，并运用符号系统将这些内容要素表现出来。地图上各种内容要素之间的关系，是按照地图投影建立的数学规则，使地表各点和地图平面上的相应各点保持一定的函数关系，从而在地图上准确地表达地表空间各要素的关系和分布规律，反映它们之间的方向、距离和面积。

在地图学上，把地理空间的实体分为点、线、面三种要素，分别用点状、线状、面状符号来表示。具体分述如下：

1. 点状要素

这里所谓的点状要素，是指那些占面积较小，不能按比例尺表示，又要定位的事物。因此，面状事物和点状事物的界限并不严格。如居民点，在大、中比例尺地图上被表示为面状地物，在小比例尺地图上则被表示为点状地物。

对点状要素的质量和数量特征，用点状符号表示。通常以点状符号的形状和颜色表示质量特征，以符号的尺寸表示数量特征，将点状符号定位于事物所在的相应位置上。图 2.5 所示为几种点状符号。

图 2.5

2. 线状要素

对于地面上呈线状或带状的事物如交通线、河流、境界线、构造线等，在地图上均用线状符号来表示。当然，对于线状和面状实体的区分，同样也和地图比例尺相关。如河流，在小比例尺的地图上，被表示为线状地物，而在大比例尺的地图上，则被表示为面状地物。通常用线状符号的形状和颜色表示质量的差别，用线状符号的尺寸变化（线宽的变化）表示数量特征。图 2.6 是几种线状符号。

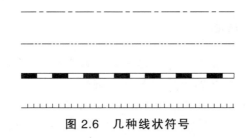

图 2.6　几种线状符号

3．面状要素

面状分布的地理事物很多，其分布状况并不一样：有连续分布的，如气温、土壤等；有不连续分布的，如森林、油田、农作物等。它们所具有的特征也不尽相同，有的是性质上的差别，如不同类型的土壤；有的是数量上的差异，如气温的高低等。因此，表示面状地理事物的方法也不相同。

面状符号的轮廓线表示其分布位置和范围，轮廓线内的颜色、网纹或说明符号表示其质量特征。例如图 2.7 描述的是一种连续分布的面状事物，在地图上通常用地界与底色、说明符号以及注记等配合表示地表的土地利用情况。

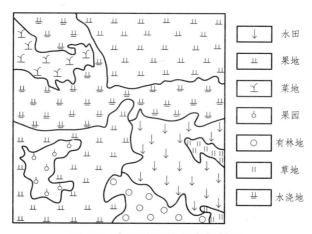

图 2.7 地图对面状要素的描述

但对于连续分布的面状事物的数量特征及变化趋势，常常可以用一组线状符号——等值线表示，如等温线、等降水量线、等深线、等高线等，其中等高线是以后 GIS 建库中经常用到的一种数据表示方式。等值线的符号一般是细实线加数字注记。等值线的数值间隔一般是常数，这样就可以根据等值线的疏密，判断制图对象的变化趋势或分布特征。等值线法适合于表示地面或空间呈连续分布且逐渐变化的地理事物。

通过地图符号形状、大小、颜色的变化及地图注记对这些符号的说明、解释，不仅能表示实体的空间位置、形状、质量和数量特征，而且还可以表示各实体之间的相互联系，如相邻、包含、连接等。

2.3.2　国家基本比例尺地形图

国家基本地形图包括 1 : 5 000、1 : 10 000、1 : 25 000、1 : 50 000、

1：100 000、1：250 000、1：500 000 和 1：1 000 000 共 8 种比例尺地形图。其中，比例尺大于和等于 1：10 万的地图称为大比例尺地图；比例尺为 1：25 万和 1：50 万的地图为中比例尺地形图；比例尺为 1：100 万的地图称为小比例尺地图。

我国比例尺大于 1：50 000（含）的地形图采用航空摄影测量的方法进行测绘，小于 1：100 000（含）的地形图一般采用上一级的地形图进行编绘而成。我国地形图测绘情况如表 2.1 所示。

表 2.1　国家基本比例尺地形图测绘情况

比例尺	图幅总数	已测幅数	占国土面积百分比
1：10 000	372 325	163 823	44
1：25 000	96 398	23 525	24
1：50 000	24 091	19 297	80
1：100 000	6 170	6 170	100
1：250 000	819	819	100
1：500 000	252	252	100
1：1 000 000	77	77	100

注：据焦健《地图学》（2005 年）。

国家基本比例尺地形图以 1：1 000 000 地形图为基础进行分幅和编号，分幅标准为中低纬度地区经差 6°、纬差 4°为一幅图；更大比例尺地形图均是在 1：100 万比例尺地形图编号的基础上进行分幅编号的，其经纬度范围如表 2.2 所示。

表 2.2　国家基本比例尺地形图图幅范围

比例尺	经度差	纬度差
1：10 000	3′45″	2′30″
1：25 000	7′30″	5′
1：50 000	15′	10′
1：100 000	30′	20′
1：250 000	1°30′	1°
1：500 000	3°	2°
1：1 000 000	6°	4°

2.3.3 地图投影的基本概念

将地球椭球面上具有球面坐标的点、线、面在平面坐标系统中表示出来，其关键是确定球面坐标与平面坐标之间的函数关系。设地面某点在地球坐标系中的球面坐标为 (L, B)，在平面直角坐标系中的坐标为 (x, y)，根据数学中的投影理论，可以建立一种函数：

$$\begin{cases} x = f_1(L, B) \\ y = f_2(L, B) \end{cases} \tag{2.9}$$

该函数使得球面点与平面点有一一对应关系。这种运用一定的数学法则，将地球椭球面上的点、线、面投影到平面上的方法，称为地图投影。

球面是不可展曲面，将曲面上的要素投影到平面上，必然产生变形，这些变形包括：长度变形、角度变形和面积变形。根据地理位置和用途不同，可以通过选择不同的投影类型和对应的投影函数，使某种变形为零、其他变形最小，或使所有变形都控制在允许范围内。可选的投影包括等角投影（投影前后角度相等，长度与面积有变形，亦称正形投影）、等距投影（投影前后长度相等，角度与面积有变形）、等积投影（投影前后面积相等，角度与距离有变形）和任意投影（投影后角度、距离和面积均有变形，但控制在允许范围内）。

地图投影的实质，是将不可展的地球椭球面上的点、线、面要素，先投影到一个可展的曲面上，然后再将可展曲面展开，便得到了平面投影图形。其中，可展曲面主要有锥面、柱面和平面（曲率为零的曲面），对应的投影分别被称为圆锥投影、圆柱投影和方位投影。根据投影曲面的中心轴（平面的中心轴为平面中点法线）与地轴（地球椭球旋转轴）的相对关系，投影又可以分为：两轴重合的投影称为正轴投影；两轴斜交时称为斜轴投影；两轴相互垂直时称为横轴投影。根据所选的投影面和中心轴与地轴的关系不同，地图投影有九种基本形式（见图 2.8）。每种基本形式又分为相切与相割两种类型。图 2.8 中编号为 1 、5、9 的为相割类型，其他为相切类型。

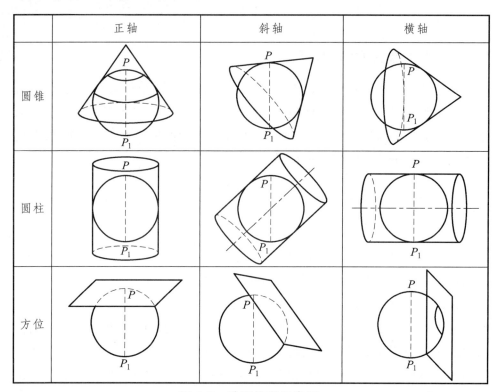

	正 轴	斜 轴	横 轴
圆锥			
圆柱			
方位			

图 2.8　地图投影示意图

2.3.4　我国常用的地图投影

据不完全统计，全世界现有地图投影多达 256 种。根据我国所处地理位置，目前主要使用高斯-克吕格投影（Gauss-Krüger）和兰勃特（lanbert）投影。在我国现行的基本比例尺地形图中，比例尺大于 1∶500 000（含）的采用高斯-克吕格投影，小于 1∶1 000 000（含）的采用兰勃特投影。

1. 高斯-克吕格投影

高斯-克吕格（Gauss-Krüger）投影是由德国科学家高斯于 1825—1830 年期间提出，后来直到 1912 年由德国另一科学家克吕格推导出实用的投影计算公式后，这种投影才得到实际应用，所以该投影称为高斯-克吕格投影，有时简称为高斯投影。如图 2.9（a）所示，高斯-克吕格投影是一种横轴等角切椭圆柱投影。它是将一个与椭球（地球椭球或参考椭球）长、短半径相同的椭圆柱横套在椭球体外，与椭球相切于某规定的中央子午线（位于投影带正中间的子午线），椭圆柱中心轴通过椭球中心，按照应满足的基本条件，将中央子午线两侧规定范围内的点投影到椭圆柱上后，再将椭圆柱面展开成平面，便得到了图 2.9（b）所示的高斯投影平面图形。

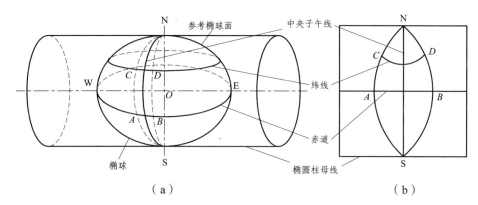

图 2.9 高斯投影

高斯投影应满足的条件：① 中央子午线和赤道投影成相互垂直的直线；② 等角投影；③ 中央子午线上没有长度变形。

由中央子午线和赤道经高斯投影后所得到的两条相互垂直的直线分别作为纵轴 x（向北为正）和横轴 y（向东为正）建立高斯平面直角坐标系，则满足上述高斯投影条件的计算公式为

$$\begin{cases} x = S + \dfrac{1}{2}Nl^2 \sin B \cos B + \dfrac{1}{24}N(5 - \tan^2 B + 9\eta^2 + 4\eta^4)l^4 \sin B \cos^3 B \\[2mm] \quad + \dfrac{1}{72}N(61 - 58\tan^2 B + \tan^4 B)l^6 \sin B \cos^5 B \\[2mm] y = Nl \cos B + \dfrac{1}{6}N(1 - \tan^2 B + \eta^2)l^3 \cos^3 B \\[2mm] \quad + \dfrac{1}{120}N(5 - 18\tan^2 B + \tan^4 B + 14\eta^2 - 58\eta^2 \tan^2 B)l^5 \cos^5 B \end{cases} \quad (2.10)$$

式中　x, y——高斯平面直角坐标系纵、横坐标；

l, B——椭球球面坐标系点的经差与纬度，均以弧度计，其中 l 为椭球面上点的经度 L 与所在投影带的中央子午线经度 L_0 之差，即 $l = L - L_0$；

S——从赤道量至椭球面点的子午线弧长；

N——椭球面点处卯酉圈曲率半径，由式（2.3）计算；

η——$\eta^2 = e'^2 \cos^2 B$，e' 由式（2.1）计算。

当 $l < 3.5°$ 时，式（2.10）的投影换算精度可达 ±0.001 m；如果换算精度

要求低于 0.1 m，则式（2.10）第一式的最后一项和第二式最后一项括号中的 $14\eta^2 - 58\eta^2 \tan^2 B$ 可以省略。

高斯投影为等角投影，但长度和面积均产生投影变形。由于角度没有投影变形，其面积变形实际上可以看成是长度变形所引起的。高斯投影长度变形的基本公式为

$$\mu = 1 + \frac{1}{2}\cos^2 B(1+\eta^2)l^2 + \frac{1}{6}\cos^4 B(2-\tan^2 B)l^4 - \frac{1}{8}l^4\cos^4 B + \cdots \qquad （2.11）$$

由上式可以看出：经差 $l = 0$ 时，$\mu = 1$，说明在中央子午线上没有长度变形；纬度 B 越小时，μ 值越大，说明越靠近赤道，变形越大；l 越大时，μ 值也越大，即离开中央子午线越远，变形越大。

为了控制投影变形在允许的范围之内，高斯投影对整个地球椭球面实行分带投影。即以经线为界，将地球（或参考）椭球面按规定经差划分成若干相互既不重叠，也无裂缝的投影带，每带分别投影。根据对精度的不同要求，高斯投影分带有 6°分带法和 3°分带法两种，其东半球部分分带方案见图 2.10，上半部分为 6°分带法方案，下半部为 3°分带法方案。

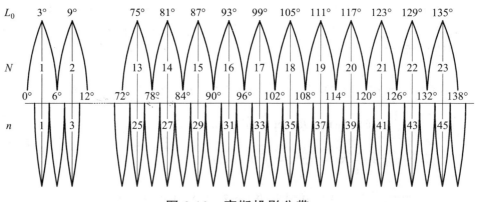

图 2.10　高斯投影分带

（1）6°分带法。从格林尼治零经线开始，每隔经差 6°分为一个投影带，整个椭球面共分为 60 带。东半球 30 个投影带的起止经度依次为：东经 0°～6°，6°～12°，…，174°～180°；各带带号 N 依次为 1，2，…，30；中央子午线经度 L_0 为

$$L_0 = 6°N - 3°$$

我国领土位于 72°～136°，共 11 个 6°投影带，投影带号依次为 13，14，…，23。

（2）3°分带法。3°带第 1 带与 6°带第 1 带的中央子午线经度相同，从东经 1°30′开始，每隔经差 3°分为一个投影带，整个椭球面共分为 120 带，东半球 60 个投影带的起止经度依次为 1°30′~4°30′，4°30′~7°30′…，东经 178°30′~西经 178°30′；各带号 n 依次为 1，2，…，60；中央子午线经度 L_0 为

$$L_0 = 3°n$$

我国共有 23 个 3°投影带，其 3°带号依次为 24，25，…，46。

经过高斯分带投影后，每个投影带均可建立一个以所在带中央子午线为纵轴 x，赤道为横轴 y 的高斯平面直角坐标系。如图 2.11 所示，我国位于北半球，x 坐标均为正，而每带中的 y 坐标有正有负。

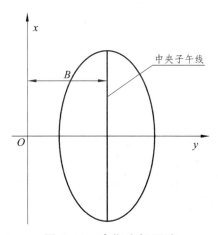

图 2.11　高斯坐标平移

为了避免 y 坐标出现负值，需将每带投影后的 x 轴向西平移 500 km。为了表明某点位于哪一投影带，还需在 y 坐标前再加入所在带带号。

例如，设位于高斯 3°投影带第 38 带的 A、B 两点在没有平移 x 轴且没有加入带号的横坐标分别为

$$y'_A = +116\,865.569 \text{ m}$$

$$y'_B = -157\,239.678 \text{ m}$$

当考虑 x 轴向西平移 500 km，并加入带号后，其 A、B 两点的实际横坐标为

$$y_A = 38\,616\,865.569 \text{ m}$$

$$y_B = 38\,342\,760.322 \text{ m}$$

2. 兰伯特投影

我国 1：1 000 000 比例尺地形图使用兰勃特投影，该投影实质上是正轴等角割圆锥投影。

如图 2.12 所示，在南北边界线纬度分别为 B_S、B_N 纬线之间的椭球面区域内，设有一中心轴与椭球旋转轴重合的圆锥，其圆锥面在纬度为 B_1、B_2 的两条纬线处与椭球相割。

B_1、B_2 在 B_S 与 B_N 纬线之间，称为双标准纬线。按等角投影条件，将椭球上的经、纬格网线及其要素投影到圆锥面上，再沿圆锥面的某一母线（投影后的经线）切开并展成平面，即得到正轴等角割圆锥投影，亦称兰勃特投影。投影后的图形如图 2.13 所示。由图中可以看出，在 B_S、B_N 之间的所有纬线，都投影成同心圆弧，经线投影成交于纬线同心圆弧圆心的直线束。

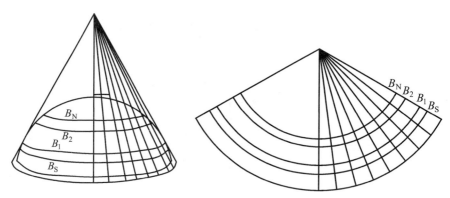

图 2.12　兰勃特正轴等角割圆锥投影　　图 2.13　兰勃特投影展开平面

为了控制投影误差，兰勃特投影也采用分带投影方法。即从纬度 0°（赤道）开始，至纬度 60°处，按纬差 4°为一投影带，从南向北，共分为 15 个投影带。每个投影带对应一组南北边界纬线 B_S、B_N。双标准纬线 B_1、B_2 之值可用下式计算：

$$\begin{cases} B_1 = B_S + 30' \\ B_2 = B_N - 30' \end{cases} \qquad (2.12)$$

同时，为了地形图使用方便，我国 1：1 000 000 比例尺地形图，在分带投影基础上，从经度 0°开始，自西向东，每隔经差 6°进行分幅。这样，每幅图的范围为经差 6°的两条经线和纬差 4°的两条纬线为边界的椭球面区域。

兰勃特投影以每幅 1：1 000 000 比例尺地形图建立平面直角坐标系。投影后的图幅内的中央经线为纵轴 x，B_S 纬线与 x 轴的交点为原点 O，过原点 O 的 B_S 纬线的切线方向（垂直于 x 轴）为横轴 y。兰勃特投影后的平面直角坐标系如图 2.14 所示。

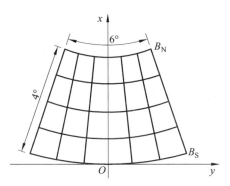

图 2.14　兰勃特平面直角坐标系

同一投影带内不同图幅，具有相同的图形。不同图幅中，与中央经线经差和与 B_S 纬线纬差相同的点，具有同样的坐标。由此，在同一投影带中，只需计算一幅图中的各格网线的坐标。

有关兰勃特投影的投影变形分析以及投影的坐标计算公式与方法可参考有关地图制图的文献。

2.4　航图简介

航图是指专为满足空中航行需要而绘制的地球的一部分及其地物和地形的图像。航图在保证航行中得到现行、全面和权威性的领航数据来源方面，以其使用方便、资料集中、方式协调的特点，为提供这些资料和数据，创造了极为便利的条件。

2.4.1　航图的使用要求

ICAO 附件 4 对航图使用提出以下要求：

（1）各种类型的航图必须提供有关该图作用的资料，其设计应遵循人为因素原则以便于最佳使用。

（2）各种类型的航图必须提供与其飞行阶段相关的资料，以保证航空器安全、快捷地运行。

（3）资料的标绘必须准确、清晰、不变形、不杂乱，在所有正常使用条件下均易于判读。

（4）所用的颜色或色调和字体大小，必须能让驾驶员在不同的自然或人工光线的条件下看懂。

（5）资料的编排形式必须使驾驶员能在一个与其工作量和工作条件相适应的合理时间内获取有关资料。

（6）各类航图上标绘的资料，必须允许按相应的飞行阶段，从一幅图平稳地过渡到另一幅图。

2.4.2　航图的分类

按重要程度，航图可以分为强制性航图、非强制性航图和根据条件需要制作的航图三类。

1．强制性的航图

必须提供的航图共 6 种：

（1）机场障碍物图——ICAO　A 型（运航限制）。

（2）机场图——ICAO。

（3）世界航图——ICAO　1∶1 000 000。

（4）精密进近地形图——ICAO。

（5）仪表进近图——ICAO。

（6）航路图——ICAO。

其中精密进近地形图是当机场开放Ⅱ、Ⅲ类精密进近跑道时必须提供的，已经定仪表程序的机场，要制作仪表进近图；另外，建立了飞行情报区的区域，必须提供航路图。

2．非强制性制作的航图

以下 6 种航图为非强制性的航图，当有关部门认为这类图有助于飞机运行的安全、正常和效益时，才应制作。

（1）机场障碍物图——ICAO　B 型。

（2）机场地面运行图——ICAO。

（3）航空器停放/停靠图——ICAO。

（4）航空地图 ICAO 1∶50 000

（5）航空领航图——ICAO　小比例尺。

（6）作业图——ICAO。

3．根据条件需要制作的航图

（1）机场障碍物图——ICAO　C型。

（2）区域图——ICAO。

（3）标准仪表离场图——ICAO。

（4）标准仪表进场图——ICAO。

（5）目视进近图——ICAO。

2.4.3　航图的选择

使用航空地图的飞行、空管、签派和情报等专业技术人员，根据各自不同的业务需要，选择不同的航图。一般要求所选择的航图能满足最新出版、资料准确、比例尺和投影方式都符合需要等基本条件。

在地图比例尺选择方面：低空、超低空飞行，通用飞行，专业飞行，小速度飞机的飞行，研究固定目标等情况下，通常选择大比例尺航图，例如"高斯-克吕格投影图"；高空飞行、远程航行、高速飞机飞行的情况下，通常选择小比例尺航图，如"正轴等角割圆锥投影图"；训练飞行以及一般任务飞行的情况下，选用比例尺为1：100万或1：50万的航图。

在地图投影选择方面：根据飞行任务的性质，一般以选用无角度失真和较小长度失真的投影图为宜。在赤道附近地区飞行，应选择"正轴等角圆柱投影图"；在中纬度地区飞行，应选用"正轴等角割圆锥投影图"；在极地附近飞行，应选用"极地球心方位投影图"、"极地球面方位投影图"或"横轴等角圆柱投影图"等。

复习思考题

1．地球的平均半径是多少？飞机沿地球经线飞行跨越纬度1°，飞机飞行距离为多少海里？

2．我国常用的坐标系有哪些？请进行对比分析，说明转换方法。

3．地图有哪三个要素？我国基本比例尺地形图的比例尺为多少？

4．请说明航空地图的分类及投影方法。

第 3 章　GIS 空间数据模型

3.1　概　述

　　地理数据反映的是物质、能量、信息的存在形式，及其在形态、结构过程、功能关系上的空间分布方式和格局及其在时间上的延续，因此，地理数据也可称为空间数据。GIS 中的地理空间分为绝对空间和相对空间两种形式。绝对空间是具有属性描述的地理实体的空间位置的集合，它由一系列不同位置的空间坐标值组成；相对空间是具有空间属性特征的实体的集合，由不同实体之间的空间关系构成。在 GIS 应用中，空间概念贯穿于整个工作对象、工作过程、工作结果等各个部分。空间数据是以不同的方式和来源获得的地理位置数据，比如地形图、专题图、图像、统计数据等，其共同的特点是都能够确定空间位置。

　　GIS 是专门管理地理空间数据的信息系统，其数据模型对于设计数据库起着至关重要的作用。空间数据模型是 GIS 中对空间数据的逻辑组织形式的描述。空间数据模型描述了空间数据的基本结构、相互之间的关系、对数据的各种操作，是空间数据库系统中关于数据内容和数据间联系的逻辑组织形式表示，以抽象的形式反映一个系统的业务活动和信息流。因此，对空间数据模型的认识和研究在设计 GIS 空间数据库和 GIS 的发展过程中起着举足轻重的作用（见图 3.1）。

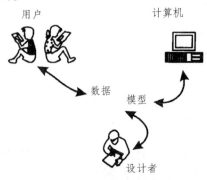

用户　　　　　　计算机

数据　　模型

设计者

图 3.1　概念数据模型

数据模型包含三个要素：数据结构、数据操作和数据约束条件。

根据是否独立于计算机，数据模型一般分为两类：一类是独立于计算机之外的实体——关系模型，不涉及数据在计算机中如何存储，常称为概念模型；另一类是直接面向计算机的，以记录为单位构造数据模型，如层次数据模型、网络数据模型和关系数据模型。数据模型常涉及以下几个基本概念：

（1）实体（Entity）：现实世界中客观存在的、可以相互区别的事物。

（2）属性（Attribute）：实体所具有的某一特性。

（3）码（Key）：唯一标识实体的属性集。

（4）域（Domain）：属性的取值范围。

（5）实体型（Entity Type）：相同属性的实体具有的共同特征和性质，用实体名和属性名集合表示。

（6）实体集（Entity Set）：同型实体的集合。

（7）联系（Relationship）：实体内部的联系或实体型之间的联系。

数据模型反映现实世界中实体之间的联系，根据联系的对应关系，可分为三类：

（1）一对一的联系。表示两个实体集中个体之间存在的一对一的联系，记为 $1:1$。

（2）一对多的联系。表示一个实体集中的单个实体和另一实体集中的多个实体存在联系，记为 $1:m$。

（3）多对多的联系。表示一个实体集中多个实体和另一实体集中的多个实体存在联系，记为 $m:n$。

实体之间的联系常用实体-联系图（E-R 图）表示，具体画法参考数据库相关书籍。

3.2 层次数据模型

层次数据模型是一种树状结构模型，把地理实体按照类似自然界的层次关系组织起来，反映数据之间的隶属关系。这种模型的特点是将地理数据组织成有向、有序的树形结构，结构中的每个结点代表 1 个数据记录，连线代表 1 对多的结点之间的从属关系。其特点是仅有一个根结点，地理数据按从属关系组织。

图 3.2 表示地理实体及其空间组成要素，图 3.3 是该地理实体所表示空

间关系的层次数据模型。图 3.3 中，结点代表地理实体 E 以及构成该实体的面、边和点，最下层的点构成边，边构成面，两个面（多边形）组成该地理实体 E。

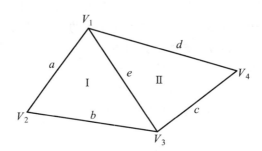

图 3.2   地理实体 E 及其组成要素

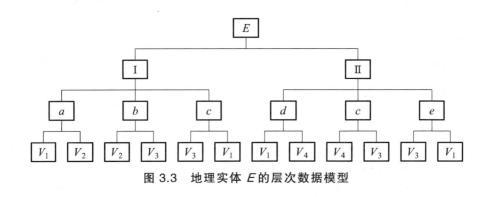

图 3.3   地理实体 E 的层次数据模型

3.3   网络数据模型

3.3.1   网络空间

数学家 Leonard Euler 是公认的研究网络拓扑空间的创始人，他在 1736 年解决了当时著名的 Konigsberg 桥问题。图 3.4（a）显示了该桥的一个概略的路线图。该问题就是找到一个循环的路，该路只穿过其中每个桥一次，最后返回到起点。

Leonard Euler 成功地证明了这个问题无解。他建立了该桥的一个空间网络模型，该模型抽象出了所有的仅有的桥之间的拓扑关系，见图 3.4（b）。

实心圆表示结点，被标上 w、x、y、z，并且抽象为陆地面。线表示弧段，它们抽象为陆地之间的直线，并且在每种情况下需要使用一个桥，完整的模型叫做网络。Euler 证明了不可能从一个结点开始，沿着图形的边界，遍历每个边界只有一次，最后到达第一个结点。他所采用的论点是非常简单的，依据的是经过每个结点的边的奇数/偶数。我们看到：上述问题若有解，除了开始的结点和末端的结点外，经过一个结点的路径必须是沿着一个边界进入，又沿着另一个边界出去，一个结点连接两个边界，每个中间结点相连的边界的数量必须是偶数。图 3.4 中，x 结点的边界数为 5，其余结点的边界数为 3，没有一个结点的边界数是偶数。因此，Konigsberg 桥问题无解。

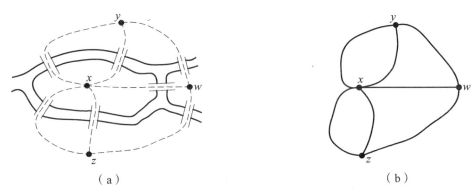

（a）　　　　　　　　　　　　　　（b）

图 3.4　Konigsberg 桥及其网络模型

3.3.2　网络模型

在网络模型中，地物被抽象为链和节点，以及是否具有连通关系。基于网络的空间模型用于处理离散的地物，其最基本的特征就是需要多个结点之间的影响和交互，通常沿着与它们相连接的链。网络模型的精确形状并不是非常重要，重要的是具体结点之间距离或者阻力的度量。网络模型的典型实例为交通网络，包括陆上、海上及航空网络，以及城市给排水管网、油气管道和电力网络。

网络模型的基本特征是，结点数据间没有明确的从属关系，一个结点可与其他多个结点建立联系。网络模型将数据组织成有向图结构。结构中结点代表数据记录，连线描述不同结点数据间的关系。有向图的形式化定义为

$$Digraph=(Vertex，\{Relation\})$$

其中，Vertex 为图中数据元素（顶点）的有限非空集合；Relation 是两个顶点（Vertex）之间的关系的集合。

有向图结构比树结构具有更大的灵活性和更强的数据建模能力。网络模型可以表示多对多的关系，其数据存储效率高于层次模型，但其结构的复杂性限制了它在空间数据库中的应用。

网络模型反映了现实世界中常见的多对多关系，在一定程度上支持数据的重构，具有一定的数据独立性和共享特性，并且运行效率较高。但它在应用时也存在以下问题：

（1）网络结构的复杂性，增加了用户查询和定位的困难。它要求用户熟悉数据的逻辑结构，知道自身所处的位置。

（2）网络数据操作命令具有过程式性质。

（3）不直接支持对于层次结构的表达。

（4）基本不具备演绎功能。

（5）基本不具备操作代数基础。

图 3.2 的地理实体用网络模型来描述，见图 3.5。由图 3.5 可见，网络数据模型的结点数据记录没有重复，减少了数据冗余。

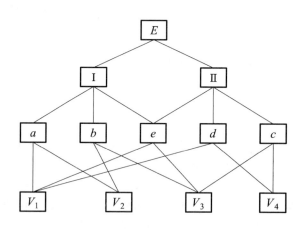

图 3.5　网络数据模型

3.4　关系数据模型

关系数据模型是 IBM 公司的 E.F.Codd 提出的，他从 1970 年起发表了多篇关于关系数据模型的论文，奠定了关系数据库的理论基础。从 20 世纪 80 年代开始，数据库管理系统基本都是关系型数据库。

地理实体由若干关系构成，每个关系用一张二维表来表示，二维表反映了数据的逻辑结构，具有固定的列数和任意行数。二维表是同类实体的各种属性的集合，每个实体对应于表中的一行，在关系中称为元祖，即一个记录；表中的列表示属性，称为域，相当于通常记录中的数据项。表 3.1 所示为四川省 1：400 万基础地理数据各县域的二维属性表。

表 3.1　地理属性数据二维表

编号	SmID	SmUserID	SmArea	SmPerimeter	AREA	PERIMETER
1	1	0	20581414366.2976	692116.871862665	20616681000	692685.19
2	2	0	10268389946.5287	566642.837738378	10285986000	567127.63
3	3	0	10050320935.3603	596623.364143305	10067543000	597121.38
4	4	0	5147356282.91446	356476.433103999	5156356600	356754.5
5	5	0	8432107360.2824	573035.995343281	8446556200	573517.81
6	6	0	7507317053.95523	664020.528557243	7520181200	664495.88
7	7	0	7445760691.92274	623877.443271764	7458519600	624343.44

关系模型具有如下基本特征：① 描述的一致性：目标之间不用指针也不用 ID 码来联系，而是数据本身通过公共值的隐含意义来表达相互之间属于同类对象，具有相同的属性；② 操作的简单性：用关系代数和关系运算来操作数据；③ 结构简单灵活：属性表初步设计后，经过一定使用期，可以根据反馈意见随时调整和修改表的结构，也可以快速对数据进行更新（增加、删除）。

图 3.2 表示的地理实体可构造如下关系数据模型：

地理实体-多边形关系：E（Ⅰ，Ⅱ）

多边形-边关系：Ⅰ（a，b，e），Ⅱ（e，c，d）

边-结点关系：a（V_1，V_2），b（V_2，V_3），c（V_3，V_4），d（V_1，V_4），e（V_1，V_3）

上述关系表示为二维表，见图 3.6。

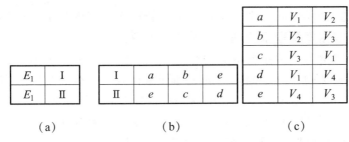

图 3.6　地理实体对应关系数据模型

3.5　面向对象数据模型

现实世界中的单个实体或现象，都可以用一个对象或多个对象的集合来表示。针对软件生产效率低下的问题，采用面向对象思想发展起来的面向对象技术，是继高级语言、结构化软件设计之后的软件系统设计和实现的软件工程新方法。面向对象技术自然地模拟了人类认识客观世界的方法，能够建立比较完整的、易于人们理解的软件系统的概念和机制。

3.5.1　面向对象的基本概念

面向对象技术的核心是对象和类。对象是指现实世界中客观存在的单个实体或现象，是系统构成的基本单位。一个对象由一组属性和对这组属性进行操作的一组方法组成。属性是一些数据项，用来描述对象的静态特征；方法是一个操作系列，用来描述对象的行为，每个对象都有一个唯一的标识码作为识别标志。类是具有部分相同属性和方法的一组对象的集合，是这些对象的统一抽象描述，内部也包含属性和方法两个主要部分。

面向对象技术有 5 个基本概念，即封装、继承、消息、多态性、永久对象。GIS 的面向对象数据模型就是在这 5 个基本概念基础上，通过分类、概括、联合、聚集 4 种数据处理技术和继承与传播 2 种语义工具来完成对现实世界中各种实体与现象的描述。

（1）分类（classification）：把一组具有相同结构的实体归纳成类（Class），而这些实体就属于这个类的对象。例如：对于地图，无论是等高线，还是等值线，我们都可以把它们定义为等值线类。

（2）概括（generalization）：把一组具有部分相同结构和操作方法的类归

纳成为一个更高层次、更具一般性的类。前者称为子类，后者称为超类。例如：无论是何种建筑物，都可以形成以结构类型、高度、层数等参数的基础的超类。

（3）联合（association）：把一组类似的对象集合起来，形成一个更高级别的集合对象（set-object）。集合中的每个对象称为成员对象（member-object），成员和集合对象间的关系是 member-of 的关系。例如：无论是线状地物，还是面状地物，都可以看成是弧段类的有序集合。

（4）聚集（aggregation）：与联合相似，但它是把一组不同类型的对象组合起来，形成一个更高级的复合对象（composed-object），每个不同类型的对象是该复合对象的一部分，成为组件对象（component-object）。组件对象和复合对象间的关系是 part-of。例如：与某一城市有关的空间实体类型包罗万象，从建筑物、道路、河流到污水、煤气、通讯管网工程，但可以把它们聚集成为一个复杂对象。

（5）继承（inheritance）：从上到下服务于概括的语义工具。超类的属性和服务可以无条件地被它的子类所继承。继承有单一继承，也有多方继承。单一继承仅有一个超类父亲，而多方继承指子类有多个超类父亲，一个类的属性和服务可以是多个超类父亲的属性和服务的综合。继承工具有助于进行共享说明和应用的实现，提供了对现实世界的简明精确的描述，从而减少信息冗余，保持系统一致性。比如：城市中的街道既是交通父类的继承，也是商业父类的继承，还是绿化父类的继承。

（6）传播（propagation）：从上到下服务于联合与聚集的语义工具。传播通过强制性手段将成员对象或组件对象的相关属性和操作传递给集合对象或复杂对象。传播工具可以极大地减少信息冗余和有效地保持系统的一致性。

3.5.2　面向对象建模实例

以民用运输机场 GIS 为例，说明面向对象技术的空间建模。民用运输机场是航空运输的陆侧节点，是为飞机起降安全提供技术保障和运输生产服务的场所。按照功能划分，民用运输机场包括飞行区、航站区、空中交通管制设施、机务维修设施、货运区、救援消防设施、安全保卫设施、机场空域、供油设施、行政办公区、生活区、生产辅助设施、后勤保障设施及地面交通设施等。根据运输机场各功能分区对象的属性进行分类，建立民用运输机场的面向对象数据模型，如图 3.6 所示，能反映民用运输机场复杂对象的体系结构。

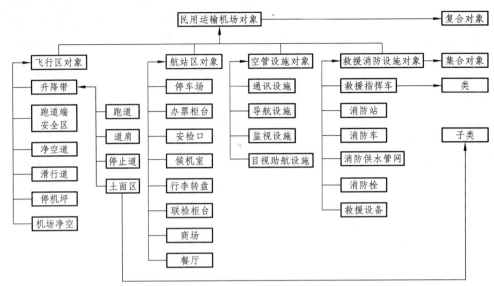

图 3.6 民用运输机场实体的面向对象数据模型体系结构

复习思考题

1. 数据模型的定义是什么？
2. GIS 数据模型主要有哪几种？
3. 请建立空管设施的面向对象数据模型。
4. 请说明网络数据模型的构成。

第 4 章　GIS 空间数据结构及数据库

4.1　概　述

地理空间对象具有位置特征、属性特征和时间特征等三大特征。位置特征描述事物或现象在特定范围内的地理位置及其相互拓扑关系。属性特征用于描述事物或现象的特性，即说明事物或现象"是什么"，如事物或现象的类别、等级、数量和名称等特性。时间特征描述地理空间上事物或现象的位置或属性随时间的变化规律，如各运输机场的年旅客运输量变化。由于地理实体的时间特征可以用逐年的数据作为历史数据保存在计算机中，因此，GIS主要考虑位置特征和属性特征的结合。地理空间对象在计算机中的表达，首先是用合适的数据模型来表达空间对象的体系结构关系，然后根据地理实体的类别用合适的数据结构来表达地理实体的三大特征。

根据地理实体的三大特征，可以将其数据归纳为三类：

（1）属性数据：描述地理实体的属性特征的数据，也称为非几何数据，如名称、类型、等级、状态、颜色、尺寸等。时间特征相关的数据也可归于属性数据。

（2）几何数据：描述地理实体的位置特征的数据，也可称为位置数据、定位数据，说明事物或现象"在哪里"，用坐标来表示。

（3）关系数据：描述地理实体之间的空间关系的数据，主要包括邻接、关联和包含三种拓扑关系。

空间数据结构是指空间数据适用于计算机存储、管理和处理的逻辑结构，即空间数据在计算机中存储和处理的形式。目前，空间数据结构主要分为基于矢量的数据结构和基于栅格的数据结构两种。

4.2 矢量数据结构

4.2.1 矢量数据的定义

GIS 的图形矢量数据结构为通过记录坐标的方式尽可能精确地表示点、线、面等地理实体的数据结构。坐标空间为连续空间，允许任意位置、长度和面积的精确定义。矢量数据的精度受数字化设备的精度和数值记录字长的限制。一般情况下，矢量数据的精度高于栅格数据，数据冗余度低，结构紧凑，并具有空间实体的拓扑信息，尤其适用于表达具有明晰边界的实体。

点、线、面实体的矢量数据表示方法如下：

点：由一对 x、y 坐标表示；

线：由一串有序的 x、y 坐标对表示；

面：由一串或几串有序的且首尾坐标相同的 x、y 坐标对以及面标识表示。

矢量数据的获取方法通常有：

（1）外业实际测量获取，通过测量仪器转入地理数据库。

（2）借助于计算机软件，通过栅格数据转换获得。

（3）地图扫描跟踪数字化。扫描地图后，利用 GIS 软件进行屏幕跟踪，获取矢量数据。

4.2.2 矢量数据的特点

矢量结构的特点：定位明显、属性隐含，其定位是根据坐标直接存储的，而属性则一般存于文件头或数据结构中某些特定的位置上，这种特点使得其图形运算的算法总体上比栅格数据结构复杂得多，有些甚至难以实现；当然有些地方也有所便利和独到之处，在计算长度、面积、形状和图形编辑、几何变换操作中，矢量结构有很高的效率和精度，而在叠加运算、邻域搜索等操作时则比较困难。

4.2.3 矢量数据的编码方法

1．点实体

点实体的矢量编码比较直接，只需记录其空间信息和属性信息。点是空间上不能再分的地理实体，可以是具体的或抽象的点，如地物点、文本位置点或线段网络的结点等，由一对 x、y 坐标表示。

点实体的矢量数据有两种表示方法：第一种为将属性数据单独存放于数据库中，通过唯一的标识码连接；第二种为采用属性码表示属性，将属性和 x/y 坐标和标识码存放在一起。

单独存放位置数据的点实体矢量数据编码结构为

标识码	x、y 坐标

属性数据和位置数据共同存放的点实体矢量数据编码结构为

标识码	属性码	x、y 坐标

标识码为点实体的唯一身份识别，一般按顺序编码，是连接属性数据和位置数据的关键字。

2. 线实体

线实体主要用来表示线状地物（如航线、公路、铁路、水系、山脊线等）符号线和多边形边界，有时也称为"弧"、"链"、"串"等，其矢量数据编码结构一般为

标识码	坐标对数 n	x、y 坐标对

其中，标识码是系统排列的对应线实体的具有唯一性的序号，线标识码可以标识线的类型；坐标对数 n 指构成该线实体的坐标对的个数；x、y 坐标对是构成该线的矢量坐标，共有 n 对。与线相联系的非几何属性可以直接存储于线文件中，也可单独存储，而由标识码连接查找。

3. 面实体

面数据是描述地理信息的最重要的一类数据。在区域实体中，具有名称属性和分类属性的，多用面表示，如管制区、情报区、机场净空限制面、土地类型、植被分布等；具有标量属性的，有时也用等值线描述（如地形、降雨量等）。

面的矢量数据结构可以像线的数据结构一样表示，只是坐标串的首尾坐标相同，即用封闭的多条线表示面。不考虑拓扑关系的面实体的矢量编码结构可用链索引编码的方式，即

标识码	链数 *n*	链标识码集

标识码和点、线标识码的含义相同，是代表面实体的唯一身份标识；链数 *n* 是包围面实体的边界线的条数；链标识码集指所有构成该面的链的标识码的集合，共有 *n* 个。

多边形矢量编码不但要表示位置和属性，更为重要的是要能表达区域的拓扑性质，如形状、邻域和层次等，以便使这些基本的空间单元可以作为专题图资料进行显示和操作。由于要表达的信息十分丰富，基于多边形的运算多而复杂，因此多边形矢量编码比点和线实体的矢量编码要复杂得多，也更为重要。具体的面对象编码方法有以下几种：

（1）坐标序列法。

对图 4.1 所示的各个面域，可采用对各面边界线连续编码，即形成坐标序列的方式表示面域。由面域边界的 x、y 坐标对集合及说明信息组成，是最简单的一种面实体矢量编码，图 4.1 的各面记为以下坐标文件。

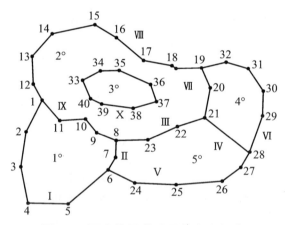

图 4.1   面实体及其边界线和坐标点

1°：x_1，y_1；x_2，y_2；x_3，y_3；x_4，y_4；x_5，y_5；x_6，y_6；x_7，y_7；x_8，y_8；x_9，y_9；x_{10}，y_{10}；x_{11}，y_{11}；x_1，y_1。

2°：x_1，y_1；x_{12}，y_{12}；x_{13}，y_{13}；x_{14}，y_{14}；x_{15}，y_{15}；x_{16}，y_{16}；x_{17}，y_{17}；x_{18}，y_{18}；x_{19}，y_{19}；x_{20}，y_{20}；x_{21}，y_{21}；x_{22}，y_{22}；x_{23}，y_{23}；x_8，y_8；x_9，y_9；x_{10}，y_{10}；x_{11}，y_{11}；x_1，y_1。

3°：x_{33}，y_{33}；x_{34}，y_{34}；x_{35}，y_{35}；x_{36}，y_{36}；x_{37}，y_{37}；x_{38}，y_{38}；x_{39}，y_{39}；x_{40}，y_{40}；x_{33}，y_{33}。

4°：x_{19}，y_{19}；x_{20}，y_{20}；x_{21}，y_{21}；x_{28}，y_{28}；x_{29}，y_{29}；x_{30}，y_{30}；x_{31}，y_{31}；x_{32}，y_{32}；x_{19}，y_{19}。

5°：x_{21}，y_{21}；x_{22}，y_{22}；x_{23}，y_{23}；x_8，y_8；x_7，y_7；x_6，y_6；x_{24}，y_{24}；x_{25}，y_{25}；x_{26}，y_{26}；x_{27}，y_{27}；x_{28}，y_{28}；x_{21}，y_{21}。

（2）树状索引编码法。

树状索引编码法是对所有边界点进行数字化，将坐标对按照点号顺序存储，由点索引与边界线号相联系，以线索引与各面相联系。

采用树状索引编码法，图4.1的面实体数据记录如下：

① 点文件：

点 号	坐 标
1	x_1，y_1
2	x_2，y_2
⋮	⋮
40	x_{40}，y_{40}

② 线文件：

线号	起点	终点	点 号
Ⅰ	1	6	1，2，3，4，5，6
Ⅱ	6	8	6，7，8
⋮	⋮	⋮	⋮
Ⅹ	33	33	33，34，35，36，37，38，39，40，33

③ 面文件：

面编号	面边界线号
1°	Ⅰ，Ⅱ，Ⅸ
2°	Ⅲ，Ⅶ，Ⅷ，Ⅸ，Ⅹ
3°	Ⅹ
4°	Ⅳ，Ⅵ，Ⅶ
5°	Ⅱ，Ⅲ，Ⅳ，Ⅴ

（3）拓扑结构编码法

拓扑结构编码包括以下内容：唯一标识，面标识，外包面指针，邻接面指针，边界链接，范围（最大和最小 x、y 坐标值）。采用拓扑结构编码可以较好地解决空间关系查询等问题，但增加了算法的复杂性和数据库的大小。

4.3　栅格数据结构

4.3.1　栅格数据的定义

栅格数据结构是指将地球表面划分为大小均匀、紧密相邻的网格阵列，每个网格作为一个像元或像素由行、列定义，并包含一个代码表示该像素的属性类型或量值，或仅仅包括指向其属性记录的指针。如图 4.2 所示，在栅格结构中，点用一个栅格单元表示；线状地物用沿线走向的一组相邻栅格单元表示，每个栅格单元最多只有两个相邻单元在线上；面用记有区域属性的相邻栅格单元的集合表示，每个栅格单元可有多于两个的相邻单元同属一个区域。遥感影像属于典型的栅格结构，每个象元的数字表示遥感影像的灰度等级。

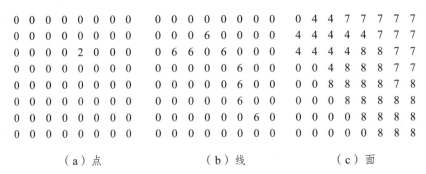

（a）点　　　　　　　　（b）线　　　　　　　（c）面

图 4.2　点、线、面的网格及其像元值

对同一现象，可以采用不同的铺盖方法进行划分。边数从 3 到 N 的规则铺盖中，三角形、方格和六角形是空间数据处理中最常用的格网形式。三角形是最基本的不可再分的单元，根据角度和边长的不同，可以取不同的形状，方格、三角形和六角形可以完整地铺满一个平面，如图 4.3 所示。

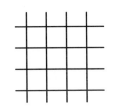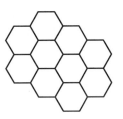

图 4.3 三角形、方格和六角形剖分

4.3.2 栅格数据的特点

栅格数据的显著特点是：属性明显，定位隐含，即数据直接记录属性的指针或属性本身，而所在位置则根据行列号转换为相应的坐标，也就是说定位是根据数据在数据集中的位置得到的。

如图 4.2（a）所示，数据 2 表示属性或编码为 2 的一个点，其位置由其所在的第 3 行、第 4 列交叉得到。图 4.2（b）表示了一条代码为 6 的线实体，而图 4.2（c）则表示了三个面实体或称为区域实体，代码分别为 4、7 和 8。由于栅格结构是按一定的规则排列的，所表示的实体的位置隐含在格网文件的存储结构中。在后面讲述栅格结构编码时可以看到，每个存储单元的行列位置可以方便地根据其在文件中的记录位置得到，且行列坐标可以很容易地转为其他坐标系下的坐标。在格网文件中每个代码本身明确地代表了实体的属性或属性的编码，如果为属性的编码，则该编码可作为指向实体属性表的指针。

栅格结构表示的地表是不连续的，是近似离散的数据。栅格数据的比例尺就是栅格大小与地表相应单元大小之比。在许多栅格数据处理时，常假设栅格所表示的区域是连续的，以便使用某些连续函数。由于栅格结构对地表的量化，在计算面积、长度、距离、形状等空间指标时，若栅格尺寸较大，则造成误差较大的。这是因为在一个栅格的地表范围内，可能存在多重属性，而表示在相应的栅格结构中常常是一个代码。

4.3.3 栅格单元值确定方法

栅格是根据一定规则划分的最小单元，由于将连续的属性用孤立的单元对应值表示，其取值应尽量保持地表的真实性，并且保证最大的信息容量。

图 4.4 所示的一块矩形地表区域，内部含有 A、B、C 三种属性类型，O 点为矩形中心点，将这个矩形区域近似地表示为一个栅格单元时，可根据需要采取如下的方式之一来决定栅格单元的值。

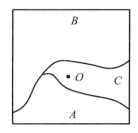

图 4.4   栅格单元值的确定

1．中心点法

用处于栅格中心处的属性值作为栅格值，在图 4.4 所示的矩形区域中，中心点 O 落在属性代码为 C 的范围内，按中心点法的规则，该矩形区域相应的栅格单元属性代码为 C。中心点法常用于具有连续分布特性的地理要素，如降雨量分布、人口密度图等。

2．面积占优法

以占矩形区域面积最大的属性代码作为栅格单元的代码。在图 4.4 中，代码 B 对应的属性所占面积最大，故相应栅格属性代码定为 B。面积占优法常用于分类较细、地物类别斑块较小的情况。

3．重要性法

根据栅格内不同属性的重要性，选取最重要的属性类型作为相应的栅格单元代码。假设图 4.4 中 A 类是最重要的地物类型，即 A 比 B 和 C 类更为重要，则栅格单元的属性代码取为 A。重要性法常用于具有特殊意义而面积较小的地理要素，比如矿产研究中的稀有金属。

4．百分比法

根据矩形区域内各地理要素所占面积的百分比数确定栅格单元的代码。图 4.4 中，B 所占面积百分比最大，可以将此栅格的属性代码标为 B。

4.3.4　栅格数据的编码方法

1．直接栅格编码

这是最简单、直观而又非常重要的一种栅格结构编码方法，通常称这种编码的图像文件为栅格文件。栅格结构不论采用何种压缩编码方法，其逻辑原型都是直接编码网格文件。直接编码就是将栅格数据看作一个数据矩阵，逐行（或逐列）逐个记录代码，可以每行都从左到右逐个象元记录，也可以奇数行地从左到右而偶数行地从右向左记录，为了特定目的还可采用其他特殊的顺序，如图4.5所示。

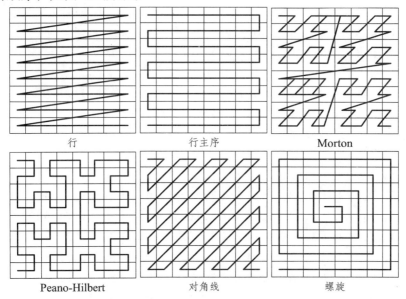

图 4.5　几种常用的栅格编码顺序

2．压缩编码方法

为了用尽可能少的数据量记录尽可能多的信息，减少计算机的存储量，采用键码、行程编码、块码和四叉树编码等方法对栅格数据进行压缩编码。

（1）链码。

链码又称为弗里曼链码或边界链码，链码可以有效地压缩栅格数据，而且对于估算面积、长度、转折方向的凹凸度等运算十分方便，比较适合于存储图形数据。其缺点是对边界进行合并和插入等修改编辑工作比较困难，对局部的修改将改变整体结构，效率较低，而且由于链码以每个区域为单位存储边界，相邻区域的边界将被重复存储而产生冗余。

（2）行程编码。

行程编码是栅格数据压缩的重要编码方法，它的基本思路是：在各行（或列）数据的代码发生变化时依次记录该代码以及相同的代码重复的个数，从而实现数据的压缩。例如，对图 4.2（c）所示栅格数据，可沿行方向进行如下行程编码：

（0，1），（4，2），（7，5）；（4，5），（7，3）；（4，4），（8，2），（7，2）；（0，2），（4，1），（8，3），（7，2）；（0，2），（8，4），（7，1），（8，1）；（0，3），（8，5）；（0，4），（8，4）；（0，5），（8，3）。

只用了 44 个整数就可以表示，而在前述的直接编码中却需要 64 个整数表示，可见行程编码压缩数据是十分有效又简便的。事实上，压缩比的大小是与图像的复杂程度成反比的，在变化多的部分，行程数就多，变化少的部分行程数就少，图像越简单，压缩效率就越高。

（3）块码。

块码是行程编码扩展到二维的情况，采用方形区域作为记录单元，每个记录单元包括相邻的若干栅格，数据结构由初始位置（行、列号）和半径，再加上记录单位的代码组成。对图 4.2（c）所示图像进行分块（见图 4.6），其块码编码为

（1，1，1，0），（1，2，2，4），（1，4，1，7），（1，5，1，7），
（1，6，2，7），（1，8，1，7），（2，1，1，4），（2，4，1，4），
（2，5，1，4），（2，8，1，7），（3，1，1，4），（3，2，1，4），
（3，3，1，4），（3，4，1，4），（3，5，2，8），（3，7，2，7），
（4，1，2，0），（4，3，1，4），（4，4，1，8），（5，3，1，8），
（5，4，2，8），（5，6，1，8），（5，7，1，7），（5，8，1，8），
（6，1，3，0），（6，6，3，8），（7，4，1，0），（7，5，1，8），
（8，4，1，0），（8，5，1，0）。

0	4	4	7	7	7	7	7
0	4	4	4	4	7	7	7
4	4	4	4	8	8	7	7
0	0	4	8	8	8	7	7
0	0	8	8	8	8	7	8
0	0	0	8	8	8	8	8
0	0	0	0	8	8	8	8
0	0	0	0	0	8	8	8

图 4.6　块码划分

（4）四叉树。

四叉树是最有效的栅格数据压缩编码方法之一，四叉树将整个图像区逐步分解为一系列被单一类型区域内含的方形区域，最小的方形区域为一个栅格象元。分割的原则是：将图像区域划分为四个大小相同的象限。而每个象限又可根据一定规则判断是否继续等分为次一层的四个象限。其终止判据是，不管是哪一层上的象限，只要划分到仅代表一种地物或符合既定要求的少数几种地物时，则不再继续划分；否则一直划分到单个栅格象元为止。四叉树通过树状结构记录这种划分，并通过这种四叉树状结构实现查询、修改、量算等操作。图 4.7（a）为图 4.2（c）图形的四叉树分解，各子象限尺度大小不完全一样，但都是同代码栅格单元，其四叉树如图 4.7（b）所示。

0	4	4	7	7	7	7	7
4	4	4	4	4	7	7	7
4	4	4	4	8	8	7	7
0	0	4	8	8	8	7	7
0	0	8	8	8	8	7	8
0	0	0	8	8	8	8	8
0	0	0	0	8	8	8	8
0	0	0	0	0	8	8	8

（a）四叉树分割

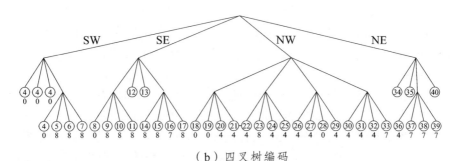

（b）四叉树编码

图 4.7　四叉树分割及其编码

其中，最上面的那个结点叫做根结点，它对应整个图形。总共有 4 层结点，每个结点对应一个象限，如 2 层 4 个结点分别对应于整个图形的四个象限，排列次序依次为南西（SW）、南东（SE）、北西（NW）和北东（NE）。不能再分的结点称为终止结点（又称叶子结点），可能落在不同的层上，该结点代表的子象限具有单一的代码，所有终止结点所代表的方形区域覆盖了整个图形。

4.4 三维数据结构

目前，绝大多数的商品化 GIS 软件包还只是在二维平面的基础上模拟并处理现实世界上所遇到的现象和问题，处理三维问题时，往往感到力不从心。GIS 处理的与地球有关的气象、水文、地质、地球物理、地下水、地震等空间数据，从本质上说是三维连续分布的，当这些领域的科学家试图以二维系统来描述它们时，就不能够精确地反映、分析或显示有关信息。三维 GIS 的要求与二维 GIS 相似，但在数据采集、系统维护和界面设计等方面比二维 GIS 要复杂得多。

4.4.1 三维 GIS 的功能

目前，三维 GIS 所研究的内容以及实现的功能主要包括：

（1）数据编码：采集三维数据和对其进行有效性检查的工具，有效性检查将随着数据的自然属性、表示方法和精度水平的不同而不同。

（2）数据的组织和重构：包括对三维数据的拓扑描述以及一种表示法到另一种表示法的转换（如从矢量的边界表示转换为栅格的八叉树表示）。

（3）变换：既能对所有物体或某一类物体，又能对某个物体进行平移、旋转、剪裁、比例缩放等变换。另外，还可以将一个物体分解成几个以及将几个物体组合成一个。

（4）查询：此功能依赖于单个物体的内在性质（如位置、形状、组成）和不同物体间的关系（如连接、相交、形状相似或构成相似）。

（5）逻辑运算：通过与、或、非及异或运算符对物体进行组合运算。

（6）计算：计算物体的体积、表面积、中心、物体之间的距离及交角等。

（7）分析：如计算某一类地物的分布趋势或其他指标，以及进行模型的比较。

（8）建立模型。

（9）视觉变换：在用户选择的任何视点，以用户确定的视角、比例因子、符号来表示所有地物或某些指定物体。

（10）系统维护：包括数据的自动备份、安全性措施以及网络工作管理。

4.4.2 三维数据结构形式

三维数据结构同二维一样，也存在栅格和矢量两种形式。栅格结构使用空间索引系统，它包括将地理实体的三维空间分成细小的单元，称为体元。存储这种数据的最简单形式是采用三维行程编码。它是二维行程编码在三维空间的扩充，这种编码方法需要大量的存储空间。更为高效的编码方法为八叉树表示法。三维矢量数据结构表示运用最普遍的是具有拓扑关系的三维边界表示法。

1. 八叉树三维数据结构

用八叉树来表示三维形体，既可以看成是四叉树方法在三维空间的推广，也可以是用三维体素列阵表示形体方法的一种改进。由于八叉树的结构与四叉树的结构是非常相似的，所以八叉树的存储结构方式可以完全沿用四叉树的有关方法。

图 4.8（b）是图 4.8（a）的八叉数编码。

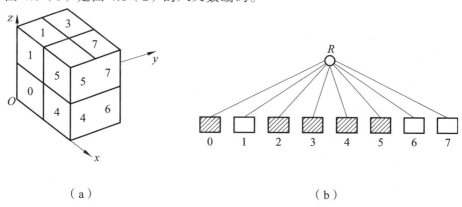

（a）　　　　　　　　　　　　　　　（b）

图 4.8　八叉树编码

2. 三维边界表示法

由于任何三维空间实体都可以表示为四面体的集合，也就是说，四面体是三维实体的最基本单位，表示出四面体的三维边界后，即可表示任何三维实体。

图 4.9（a）的四面体，定点分别为 $v_1/v_2/v_3/v_4$，6 条边分别为 $l_1/l_2/l_3/l_4/l_5/l_6$，

采用矢量表示方法，边由点定义，面由边定义，三维空间点的坐标用三个坐标即可确定。该四面体可用三张表格分别表示顶点、边和面，如图 4.9（b）所示。

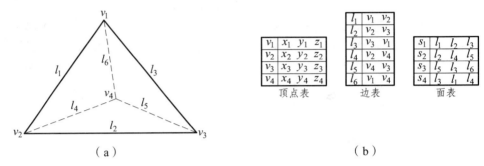

图 4.9　三维边界表示法

4.5　空间数据库设计

4.5.1　空间数据库特点

空间数据库与一般数据库相比，具有以下特点：

（1）地理要素不仅有与一般数据库中的数据性质相似的属性数据，还有大量与属性数据不可分割的描述地理要素空间分布位置的空间数据。

（2）数据量特别大：地理系统是一个复杂的位置数据和属性数据的综合体，用数据来描述各种地理要素的空间位置，其数据量往往很大。

（3）数据应用广泛：80%以上的自然和社会问题和地理要素有关，涉及土地利用与规划、环境保护、气象、交通运输、地理研究、资源开发、市政管理等。

4.5.2　空间数据库设计流程

空间数据库的设计是指在现有数据库管理系统的基础上建立空间数据库的整个过程。其设计流程为需求分析、结构设计、数据层设计。

1．需求分析

需求分析是整个空间数据库设计的基础性工作，主要完成以下工作：

（1）用户需求调查：了解用户的特点和使用要求，取得设计者和用户对系统需求的一致意见。

（2）需求数据的收集与分析：包括信息需求、信息加工处理要求、完整性与安全性要求等。

（3）编制用户需求说明书：包括需求分析的目标、任务、具体需求说明、系统功能与性能、系统运行环境等。

需求分析报告应由专业软件开发人员在用户的参与下编写，作为需求分析的最终成果。

2．结构设计

结构设计是空间数据库设计的关键,其结果是得到合理的空间数据模型,主要包括概念设计和逻辑设计两个方面。

（1）概念设计。

对需求分析阶段所收集的信息和数据进行分析、整理，确定地理实体、属性及它们之间的联系，将各用户的局部视图合并成一个总的全局视图，形成独立于计算机的反映用户观点的概念模型。

概念设计的主要方法是构建实体-关系模型,设计实体-关系图（E-R 图）。E-R 图包括实体、联系和属性三个部分，图 4.10 为教学楼 GIS 管理系统的班级 E-R 图部分。

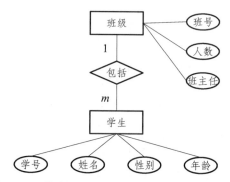

图 4.10 教学楼 GIS 管理系统的班级 E-R 图

（2）逻辑设计。

在概念设计的基础上，按照不同的转换规则将概念模型转换为具体

DBMS 支持的数据模型的过程，即导出具体 DBMS 可处理的地理数据库的逻辑结构，包括确定数据项、记录、记录间的联系、安全性、完整性、一致性约束等。导出的逻辑结构是否和概念模式一致，能否满足用户的要求，还要对其功能和性能进行评价，并进行优化。

将 E-R 图转换为关系模型的主要过程如下：

① 确定各地理实体的主关键字；

② 确定并写出实体属性之间的数据关系表达式，即某一数据项是否决定其他数据项；

③ 把经过以上消冗处理的数据关系表达式中的数据项作为主关键字；

④ 根据②、③形成新的关系；

⑤ 完成转换后，进行分析、评价和优化。

3. 数据层设计

各种地图一般都是由不同的图层叠加形成的，因此，空间数据库的设计应根据地理空间数据的类型进行分层。GIS 的数据可以按照空间数据的逻辑关系或专业属性分为各种逻辑数据层或专业数据层。以地形图为典型实例，可分为地形、水系、交通网络、植被、居民地等分层。将各层叠加后即合成为地形图数据，进行空间分析时，就可以根据需要提取相关图层。

数据层的设计一般按照数据的专业内容和类型进行，另外，兼顾其应用功能。例如：水系按类型来划分，有多边形的水库、湖泊，线状的河流、渠道，点状的井等，在分层时，可以将其归并为一类，也可以按类型分层。

复习思考题

1. 地理空间数据具有哪三大特征？

2. 地理空间数据主要有哪两种结构？

3. 矢量数据的定义是什么？矢量数据具有哪些特点？

4. 栅格数据的定义是什么？栅格数据具有哪些特点？

5. 地理空间数据库的设计具有哪些流程？

第 5 章　　GIS 的功能

5.1　空间数据采集

5.1.1　GIS 的数据源

GIS 数据源指建立 GIS 所需要的数据来源，主要包括实测数据、地图数据、遥感数据、文本数据、统计数据和已有 GIS 系统的数据。

1. 实测数据

指地形测量、工程测量或 GPS 实测的数据，可以导入 GIS 系统作为基础数据。

2. 地图数据

纸质地图是 GIS 数据的主要来源，通过数字化仪跟踪数字化或扫描仪扫描数字化获取。进行纸质地图数字化时，应根据应用的需要建立 GIS 坐标系，完成地图配准，必要时进行投影变换或地理坐标转换。

地图数据一般用点、线、面、注记来表示地理实体及其相互关系，以高空航图为例：

点：导航台、强制报告点、非强制报告点、航路点等。

线：航线。

面：情报区、管制区、特殊空域。

注记：航线角、航段距离、最低安全高度、管制区编号、特殊空域编号等。

3. 遥感数据

遥感数据是利用遥感平台上的传感器获取的地表或大气层辐射信息生成的遥感图像，是研究区域性变化和掌握地表或大气宏观信息的 GIS 重要数据来源，具有大面积、动态、近实时的特征。

4．文本数据

文本数据是各行业的技术规范、标准、条例、法规等，可用于 GIS 处理数据时参考的依据。

5．统计数据

国民经济各行业都有年度统计数据，比如，民航各运输机场的年度旅客运输量可以作为机场管理 GIS 系统的属性数据来源。

6．已有 GIS 系统数据

随着 GIS 数据的标准化，增强了不同系统的共享性和可用性，ARCINFO/MAPINFO/MAPGIS 等系统的数据可相互导入。

5.1.2　地理实体的分类

1．地理实体与地理目标的定义

地理实体是 GIS 空间数据库中的实体，是一种在现实世界中不能再划分为同类现象的现象。比如：民用机场作为主要交通运输方式之一的航空运输的陆侧节点，其功能和组成与铁路车站、汽车站、码头等具有明显的区别，在交通方式中不能再进行细分，可以作为一类地理实体，仅能根据其属性再划分为运输机场和通用机场。

地理目标是地理实体在地理数据库的符号化表示，在地图上以不同的符号表示出来，在数字地图中具有比例尺效应。比如：城市作为面状的地理实体，在小比例尺地图上表示为点目标，而在大比例尺地图上则表示为面目标。

2．地理实体的类型

根据地理实体在空间上的展布情况，一般将地理实体分为点状实体、线状实体、面状实体和体状实体。任何复杂的地理实体都可以分解为这几种实体类型。

（1）点状实体。

指仅有特定的位置，没有长度的实体，空间维度为 0，分为：

实体点——用于代表具体的一个实体，如塔台；

注记点——用于定位注记；

内点——用于定位多边形的位置；

结点——表示线的起点和终点；

节点——线或弧段的内部点。

（2）线状实体。

指不但有特定的位置，还有长度的实体，空间维度为1，线状实体的特性包括长度、方向和曲率。

（3）面状实体。

指具有特定位置和面积的实体，空间维度为2，面状实体的特性包括面积、周长、邻接、岛和重叠。

（4）体状实体。

指三维空间中的现象或物体，具有长度、宽度和高度属性，并具有表面积、体积特性。

3．地理实体的描述

地理实体的描述包括编码、位置、类型、行为、属性、说明、关系等几个方面。

编码：编码的目的是对地理实体进行识别。编码一般包括类别码和标识码，其中类别码识志地理实体的类别；而标识码对每个实体进行标识，作为其身份的识别。

位置：一般用平面坐标或地理坐标给出地理实体的空间位置。

类型：指明地理实体的类型。

行为：指明地理实体所具有的功能。

属性：指明地理实体所具有的非空间信息，比如航路的宽度、飞行高度、航线角、航线距离、流量等。

说明：用于说明实体数据的来源、数据质量等辅助信息。

关系：说明和其他地理实体的关系信息。

5.1.3　地图扫描数字化

在 GIS 系统的建设过程中，空间数据获取成本占到相当大的比重。由于手扶跟踪数字化需要大量的人工操作，限制了该项技术的应用，而扫描技术的出现，成为了目前空间数据获取最主要的地图数字化方式。

地图扫描矢量化处理过程如图 5.1 所示。由于扫描仪扫描幅面一般小于地图幅面，因此大的纸质地图需要先进行分块扫描，对每个分块进行矢量化处理后生成便于编辑处理的矢量地图，最后把矢量化的分块图合成为一幅完整的矢量电子地图，并进行编辑处理。

图 5.1　地图扫描矢量化处理流程

　　扫描后进行栅格转矢量的运算处理，称为扫描矢量化过程。由于扫描地图中包含多种信息，系统难以自动识别分辨，因此，在实际应用中，常常采用半自动矢量化。

　　将扫描栅格图像转换为矢量地图一般需要以下几个步骤[Musavi 1988]：

1. 图像二值化

　　图像二值化用于从原始扫描图像计算得到黑白二值图像，通常将图像上的白色区域的栅格点赋值为 0；而黑色区域赋值为 1，对应要矢量化提取的地物。

2. 平　滑

　　图像平滑用于去除图像中的随机噪声，通常表现为斑点。

3. 细　化

　　细化将一条线细化为只有一个像素宽，细化是矢量化过程中的重要步骤，也是矢量化的基础。

4. 链式编码

　　链式编码将细化后的图像转换成为点链的集合，其中每个点链对应一条弧段。链码是由弗里曼（Freeman）提出的用曲线出发点坐标和线的斜率来描述二值线图形的一种方法。图 5.2（a）所示是链码的 8 个方向及它们的序号。图 5.2（b）的细线的链码为（3，0）21100066567，其中（3，0）为起始点坐标，之后的数值序列描述了方向。

　　任意一条细线都可用链码序列表示为下式：

$$C = a_1 a_2 \cdots a_n \ (0 \leqslant a_i \leqslant 7)$$

　　如果始点 a_1 和终点 a_n 重合，则说明曲线是闭合的。

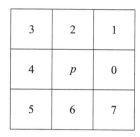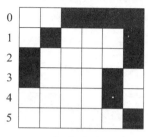

（a）链码的 8 个方向　　　　　　　（b）细线

图 5.2　链码及其对细线的表示

5．矢量线提取

将每个点链转化成为一条矢量线。每条线由一系列点组成，点的数目取决于线的弯曲程度和要求的精度。

5.1.4　空间数据处理

1．投影变换

由于 GIS 项目的研究需要，往往需要将矢量化后的数字地图从一种坐标系经过投影变换转换为所需要的投影方式。比如：仅有经纬度坐标的数字地图，难以完成局部区域的挖填方工程量计算，就需要将经纬度坐标转换为投影坐标或平面坐标，实现表面积和挖填方体积的计算。对于航行情报来说，又往往需要使用经纬度参照系下的定位信息，在地图录入完毕后，经常需要进行投影变换，得到经纬度参照系下的地图。对各种投影进行坐标变换的原因主要是输入时地图是一种投影，而输出的地图产物是另外一种投影。进行投影变换主要有两种方式：一种是采用多项式数值变换；另一种是解析投影变换。

2．图形拼接

在对底图进行数字化时，由于图幅比较大或者使用小型扫描仪，难以将研究区域的底图以整幅的形式来完成，这时需要将整个图幅划分成几部分分别扫描输入。图形拼接的第一种方式是利用 Photoshop 等图像处理软件，将扫描后的图形文件重新拼接为一个文件，然后在 GIS 系统中完成数字化；第二种方式是对扫描的各张图形分别进行数字化，然后利用 GIS 系统进行图形拼接，拼接时注意对图幅的边界进行边缘匹配处理（见图 6.13），可以由计算机自动完成，或者辅助以手工半自动完成。

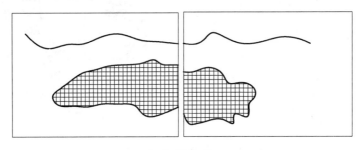

（a）拼接前

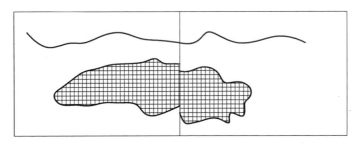

（b）拼接中的边缘不匹配

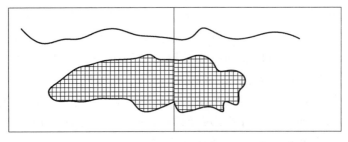

（c）调整后的拼接结果

图 5.3　图幅拼接

3. 拓扑处理

在扫描矢量化图形完成后，大多数地图都需要建立拓扑，以正确判别地物之间的拓扑关系。在 GIS 数据处理中，由于遗漏某些实体、重复录入某些实体，或者由于定位的不准确，将导致以下一些错误形式：

（1）伪节点。

伪节点使一条完整的线变成两段（见图 5.4），造成伪节点的原因常常是没有一次录入完毕一条线。

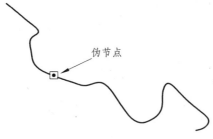

图 5.4　伪节点

（2）悬挂节点。

只与一条线相连接的节点称为悬挂节点,悬挂节点有多边形不封闭[见图 5.5（a）]、节点不重合[见图 5.5（b）]等几种情形。

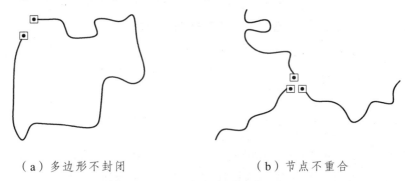

（a）多边形不封闭　　　　　　　　（b）节点不重合

图 5.5　悬挂节点

（3）"碎屑"多边形。

由于重复录入时前后两次录入同一条线的位置不完全一致,或者由于用不同比例尺的地图进行数据更新,都可能产生"碎屑"多边形（见图 5.6）。

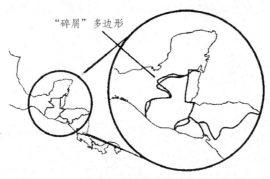

图 5.6　碎屑多边形

（4）不正规的多边形。

不正规的多边形（见图 5.7）是由于输入线时，点的次序倒置或者位置不准确引起的。

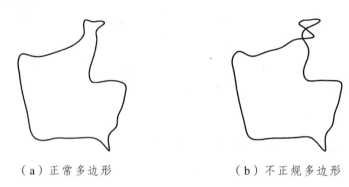

（a）正常多边形   （b）不正规多边形

图 5.7   不正规的多边形

上述拓扑错误，一般会在建立拓扑的过程中发现，需要进行编辑修改。一些错误，如悬挂节点，可以在编辑的同时，由软件自动修改，通常的实现办法是设置一个"捕获距离"，当节点之间或者节点与线之间的距离小于此数值后，即自动连接；而另外的错误需要进行手工编辑修改。

在图形修改完毕之后，就可以建立正确的拓扑关系，目前大多数 GIS 软件提供了完善的拓扑功能，拓扑关系可以由计算机自动生成；但是对于网络连通性等，需要对计算机创建的拓扑关系进行手工修改。

在输入道路、水系、管网、通信线路等信息时，为了进行流量以及连通性分析，需要确定线实体之间的连接关系。网络拓扑关系的建立包括确定节点与连接线之间的关系，这个工作可以由计算机自动完成，但是在一些情况中，如道路交通应用中，一些道路虽然在平面上相交，但是实际上并不连通，如立交桥，这时需要手工修改，将连通的节点删除（见图 5.8）。

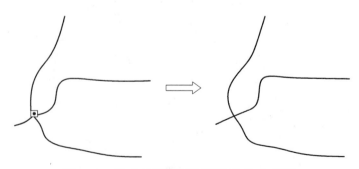

图 5.8   将实际不连通的线路节点删除

5.2 空间查询

空间查询指的是对地理信息系统中存储的空间实体进行位置、属性或位置与属性联合查询。在查询的方式上分为"图形查属性"、"属性查图形"及"图元间关系查询"等。

第一类是图形查属性，根据空间对象的位置查询其属性信息。

第二类是属性查图形，按用户输入的属性要求来查询定位空间实体的位置。

第三类是图元间的关系查询，按用户的要求查询点、线、面相互之间的包含、交叉等情况。

5.2.1 图形查属性

GIS 用户利用光标，选中点、线、面等表示的空间实体，显示出所查询对象的属性列表。该查询通常分为两步：第一步，借助空间索引，在地理信息系统数据库中快速检索出被选空间实体；第二步，根据空间实体与属性的连接关系即可得到所查询空间实体的属性列表。

图形查属性，体现了 GIS 所见即所得的优点，通过图形直观的为查询者提供查询对象的地理空间位置，而双击图形即可获取该地理空间对象的相关属性信息。如图 5.9 所示，建立四川省的数字地图数据后，采用标签专题图的方式显示各市州的名称，双击地图窗口中打开的四川省基础地理数据中的乐山市面对象，系统弹出乐山市面对象的属性信息、空间信息和坐标信息，通过属性信息表即可查询到乐山市的面积为 $12\ 967\ 064\ 278.485\ 7\ \text{m}^2$。

图 5.9 查询乐山市的属性信息

5.2.2　属性查图形

对空间数据库的属性进行查询是信息系统的基本功能之一，通过 GIS 系统查询空间对象的名称、属性最大值、属性最小值等属性可以实现空间定位，为用户提供空间信息服务。例如：在四川省基础地理信息上查询人口大于 30 万的县份有哪些。这和一般非空间的关系数据库的 SQL 查询没有区别，查询到结果后，再利用图形和属性的对应关系，进一步在地图窗口上用指定的显示方式将结果定位绘出，可以直观地看出四川省人口较多的县主要分布在四川盆地中。利用属性查询图形的另外一个典型应用实例就是地下管网的管理。利用地下管网的埋深和长度等属性信息对其进行查询，便于地下管网的维护施工，避免盲目施工导致人为工程事故的发生。

图 5.10 为四川省行政区划图上查询 1994 年人口总数大于 30 万的县的 SQL 查询窗口，图 5.11 中高亮显示为四川省 1994 年人口总数大于 30 万的县的地图。

图 5.10　SQL 查询窗口

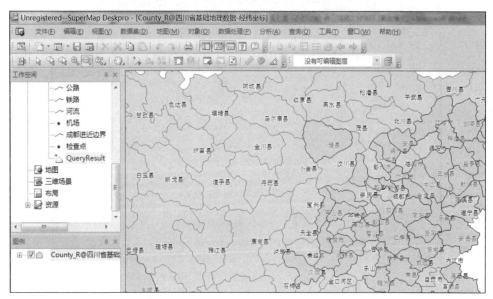

图 5.11 1994 年四川省人口大于 30 万的县

5.2.3 图元间关系查询

简单的点、线、面图元之间相互关系的查询包括：

（1）面面查询，如与某个多边形相邻的多边形有哪些。

（2）面线查询，如某个多边形的边界有哪些线。

（3）面点查询，如某个多边形内有哪些点状地物。

（4）线面查询，如某条线经过（穿过）的多边形有哪些，某条链的左、右多边形是哪些。

（5）线线查询，如与某条河流相连的支流有哪些，某条道路跨过哪些河流。

（6）线点查询，如某条道路上有哪些桥梁，某条输电线上有哪些变电站。

（7）点面查询，如某个点落在哪个多边形内。

（8）点线查询，如某个结点由哪些线相交而成。

图 5.12 所示为查询长江流经省份的查询窗口，图 5.13 所示为查询到的长江流经省份的列表。

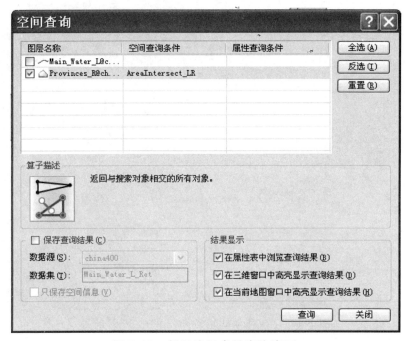

图 5.12　长江流经省份查询窗口

NAME	Annual_Growth_Rate（%）	Female_to_Total（%
西藏	1.72	49.35
江苏	1.01	49.36
安徽	0.62	48.4
湖北	1.08	47.94
江西	0.91	48
湖南	0.58	47.84
云南	1.44	47.59
青海	1.47	48.3
重庆	0.66	48.07
四川	0.59	48.31

图 5.13　长江流经省份列表

5.3　空间几何量算

对于点、线、面、体四种不同维数的空间实体，利用地理信息系统分别进行和其维数对应的坐标、长度、方向、面积、周长、体积和表面积的空间几何量算。

空间实体一般分为点、线、面、体四种，其对应的几何量算分别主要为

（1）点状地物（0维）：坐标；

（2）线状地物（1维）：长度、方向；

（3）面状地物（2维）：面积、周长等；

（4）体状地物（3维）：体积、表面积等。

点状地物的坐标不管是投影坐标还是地理坐标，只有完成地图配准后，即可利用地理信息系统对其坐标进行查询。图5.14即双击绵阳市查询的坐标数据，东经104.745°、北纬31.463°。

图5.14　绵阳市作为点状地物的地理坐标

线状地物对象最基本的形态参数之一是长度。在二维矢量数据结构下，线表示为平面点对坐标（x，y）的序列，线的长度的计算公式为

$$L = \sum_{i=0}^{n-1} \sqrt{(x_{i+1} - x_i)^2 + (y_{i+1} - yi)^2} = \sum_{i=1}^{n} l_i$$

对于水系等复合线状地物对象，需要在对各个分支水系计算出长度后，再求其总长度。

线状地物的另外一个重要参数是方向，航空数据中航线的航线角就是指引飞机航向的重要元素之一。在平面坐标系下航线角的计算公式为

$$TC = \arctan \frac{\Delta x}{\Delta y}$$

一般，地理信息系统都具有线状地物距离和方向的量算功能，图 5.15（a）为绵阳地区数字地图上量取桑枣至黄鹿距离的截图，图 5.15（b）为从桑枣飞往黄鹿的航线角量取截图。

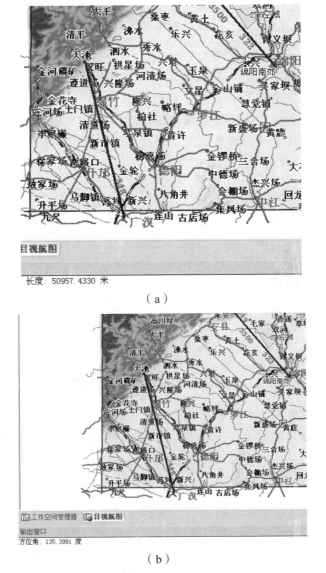

（a）

（b）

图 5.15   航线距离和航线角的量算截图

面状地物的空间量算参数主要包括面积和周长，二维空间的面状地物面积为平面面积，而三维空间面状地物，如天然地表面，其面积为表面面积。另外，从地理信息系统的数据格式上来划分，又可以分为矢量数据和栅格数据的面积计算。本书仅介绍基于矢量的水平面面状地物面积计算方法。周长从实质上来说，就是线状地物的长度，可以通过面线转换将面状地物转换为封闭的线对象，进而量算其长度。

在矢量结构下，面状地物以其轮廓边界弧段构成的多边形表示。对于没有空洞的简单凸多边形，假设有 N 个顶点，其面积计算公式为

$$S = \left| \frac{1}{2} \left(\sum_{i=1}^{N-2} (x_i y_{i+1} - x_{i+1} y_i) + (x_N y_1 - x_1 y_N) \right) \right|$$

上述公式所采用的是几何交叉处理方法，即沿多边形的每个顶点作垂直于 X 轴的垂线，然后计算每条边、它的两条垂线及这两条垂线所截得 x 轴部分所包围的面积，所求出的面积的代数和，即为多边形面积。另外，还可以采用凸多边形面积积分算法计算凸多边形的面积。对于非凸多边形，可以将其分解为凸多边形，然后进行计算求和。对于有孔洞的多边形，可分别计算外多边形与空洞面积，其差值即为原多边形面积。图 5.16 为利用 GIS 系统面积量算工具量算某机场 277 号空域面积的截图。

图 5.16 GIS 空间量算截图

三维地物的空间量算参数主要为表面积和体积，因为三维空间对象的数据采用数字高程模型 DEM（不规则三角网 TIN 和规则格网）表示，因此，将三维地物的空间量算放在数字高程模型一节系统阐述。

5.4　空间分析

空间分析是地理信息系统有别于其他管理信息系统的最具特色的功能，是根据地理实体的位置和形态特征所进行的空间信息和空间规律提取过程，是空间数据挖掘的基本方法。空间分析有别于简单的空间查询和空间统计，而是利用各种空间分析模型和算法对地理空间数据库中的数据重新加工，产生新的数据。空间分析主要包括叠加分析、缓冲区分析和网络分析，其中，网络分析又分为路径分析和资源分配分析两类。

5.4.1　叠加分析

地理信息系统一般都是采用分层的方式组织地理目标，将地理目标按不同的主题分层提取，同一地区的所有数据集表达了该地区地理实体的内容。每个主题层，可以叫做一个数据集。数据集既可以用矢量结构的点、线、面图层文件方式表达，也可以用栅格结构的图层文件格式进行表达。

叠加分析是地理信息系统最常用的提取空间隐含信息的手段之一。该方法源于传统的透明材料叠加，即将来自不同的数据源的图纸绘于透明纸上，在透光桌上将其叠放在一起，然后用笔勾出感兴趣的部分——提取出感兴趣的信息。地理信息系统的叠加分析是将有关主题层组成的数据集进行叠加，产生一个新数据集的操作，其结果综合了原来两层或多层要素所具有的属性。叠加分析不仅包含空间关系的叠加，还包含属性关系的叠加。以下主要介绍与民用航空有较大关联度的视觉信息叠加和矢量数据叠加（点与多边形叠加、线与多边形叠加、多边形叠加）。矢量数据叠加的模式主要包括裁剪、合并、擦除、求交、同一等几种方式。

裁剪是用裁剪数据集从被裁剪数据集中提取部分特征集合的运算。其中，裁剪数据集（叠加数据集）的类型必须是面，被剪裁的数据集（源数据集）可以是点、线、面、路由、CAD 数据集。在被裁剪数据集中，只有落在裁剪数据集多边形内的对象才会被输出到结果数据集中。

合并是求两个数据集并集的运算，合并后的图层保留两个数据集所有图层要素，只限于两个面数据集之间进行。进行合并运算后，两个面数据集在相交处多边形被分割，且两个数据集的几何和属性信息都被输出到结果数据集中。合并运算的输出结果的属性表来自于两个输入数据集属性表，在进行合并运算的时候，用户可以根据自己的需要在 A、B 的属性表中选择需要保留的属性字段。

擦除是用来擦除掉被擦除数据集中多边形相重合部分的操作。其中，擦除数据集（叠加数据集）的类型必须是面，被擦除的数据集（源数据集）可以是点、线、面、路由数据集。擦除数据集中的多边形集合定义了擦除区域，被擦除数据集中凡是落在这些多边形区域内的特征都将被去除，而落在多边形区域外的特征要素都将被输出到结果数据集中，与裁剪运算相反。

求交运算是求两个数据集的交集的操作，结果数据集保留原来两个数据集的重叠部分。在这两个数据集中，源数据集被称为待求交数据集，叠加数据集被称为交数据集。其中，待求交数据集的类型可以是点、线、面、路由、CAD 数据集，但交数据集必须是面数据集类型。待求交数据集的特征对象在与交数据集中的多边形相交处被分割（点对象除外）。

同一运算结果图层范围与源数据集图层的范围相同，但是包含来自叠加数据集图层的几何形状和属性数据。同一运算就是源数据集与叠加数据集先求交，然后求交结果再与源数据集求并的一个运算。其中，叠加数据集的类型必须是面，源数据集的类型可以是点、线、面、路由数据集。如果第一个数据集为点数集，则新生成的数据集中保留第一个数据集的所有对象；如果第一个数据集为线数据集，则新生成的数据集中保留第一个数据集的所有对象，但是把与第二个数据集相交的对象在相交的地方打断；如果第一个数据集为面数据集，则结果数据集保留以源数据集为控制边界之内的所有多边形，并且把与第二个数据集相交的对象在相交的地方分割成多个对象。

1. 视觉信息叠加

视觉信息叠加是将不同侧面的信息内容叠加显示在结果图件或屏幕上，以便研究者判断其相互空间关系，获得更为丰富的空间信息。地理信息系统中视觉信息叠加主要包括以下几类：

（1）点状图、线状图和面状图之间的叠置。

（2）面状图区域边界之间或一个面状图与其他专题图边界之间叠置。

（3）遥感影像与专题图的叠置。

（4）专题图与数字高程模型（DEM）叠置显示立体专题图。

（5）遥感影像与 DEM 叠置生成真三维地物景观。

（6）遥感影像数据与 GIS 数据的叠置。

（7）遥感影像与提取的影像特征（如道路网络）的叠置。

视觉信息叠加不产生新的数据层面，只是将多层信息复合显示，便于直观判断和分析。图 5.17 所示为正射三维影像与乡镇的叠加结果。

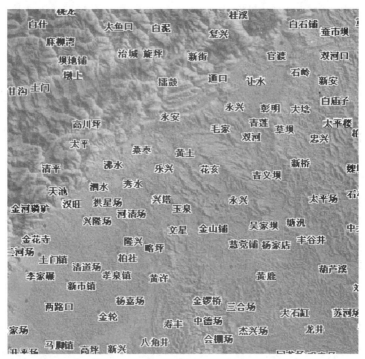

图 5.17 正射三维影像与乡镇的叠加

2. 点与多边形叠加

点与多边形叠加，实际上是计算多边形对点的包含关系。矢量结构的 GIS 能够通过计算每个点相对于多边形线段的位置，进行点是否在一个多边形中的空间关系判断。

在完成点与多边形的几何关系计算后，还要进行属性信息处理。最简单的方式是将多边形属性信息叠加到其中的点上。当然也可以将点的属性叠加到多边形上，用于标该多边形；如果有多个点分布在一个多边形内的情形时，则要采用一些特殊规则，如将点的数目或各点属性的总和等信息叠加到多边形上。

　　通过点与多边形叠加，可以计算出每个多边形里有多少个点，不但要区分点是否在多边形内，还要描述在多边形内部的点的属性信息。通常不直接产生新数据层，只是把属性信息叠加到原图层中，然后通过属性查询间接获得点与多边形叠加的需要信息。例如：一幅中国政区图（多边形）和一幅省会城市图（点），二者经裁剪叠加分析后，可以得到各省的省会城市数据层（见图 5.18）。

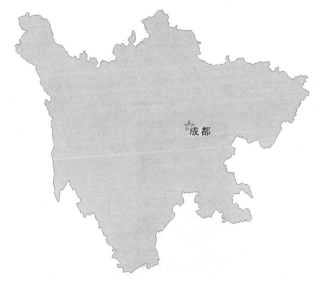

图 5.18　四川省与省会城市的裁剪叠加分析

3. 线与多边形叠加

　　线与多边形的叠加，是比较线上坐标与多边形坐标的关系，判断线是否落在多边形内。计算过程通常是计算线与多边形的交点，只要相交，就产生一个结点，将原线打断成一条条弧段，并将原线和多边形的属性信息一起赋给新弧段。叠加的结果产生了一个新的数据层，每条线被它穿过的多边形打断成新弧段图层，同时产生一个相应的属性数据表记录原线和多边形的属性信息。根据叠加的结果可以确定每条弧段落在哪个多边形内，可以查询指定多边形内指定线穿过的长度。如果线状图层为河流，叠加的结果是多边形将穿过它的所有河流打断成弧段，可以查询任意多边形内的河流长度，进而计算它的河流密度等；如果线状图层为航路网，叠加的结果可以得到每个管制扇区内的航路网密度，管制扇区内部的交通流量，进入、离开各个管制扇区的交通量，相邻管制扇区之间的相互交通量。图 5.19 是管制扇区和航线裁剪叠加后的关联查询结果，图 5.20 所示为航线长度统计结果。

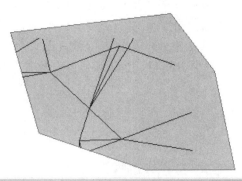

图 5.19　管制扇区与航线裁剪叠加后关联查询

图 5.20　航线长度字段统计结果

4. 多边形与多边形叠加

多边形叠加是 GIS 最常用的功能之一。多边形叠加将两个或多个多边形图层进行叠加产生一个新多边形图层的操作，其结果是将原来的多边形要素分割成新要素，新要素综合了原来两层或多层的属性。如图 5.21 所示，宗地和土壤类别多边形图层叠加后，即可在一个图层里得到各宗地的土壤稳定性。

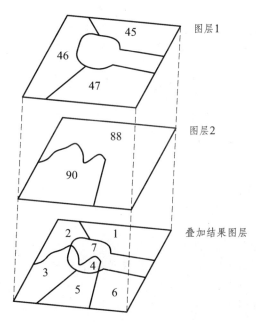

宗地ID	宗地号
45	京-99-01
46	京-99-02
47	京-99-03

土壤ID	稳定性
88	稳定
90	不稳定

ID	宗地ID	宗地号	土壤ID	稳定性
1	45	京-99-01	88	稳定
2	46	京-99-02	88	稳定
3	46	京-99-02	90	不稳定
4	-	-	90	不稳定
5	47	京-99-03	90	不稳定
6	47	京-99-03	88	稳定
7	-	-	88	稳定

图 5.21 多边形叠加分析

叠加过程可分为几何求交过程和属性分配过程两步。几何求交过程首先求出所有多边形边界线的交点，再根据这些交点重新进行多边形拓扑运算，对新生成的拓扑多边形图层的每个对象赋予多边形唯一标识码，同时生成一个与新多边形对象一一对应的属性表。多边形叠加完成后，根据新图层的属性表可以查询原图层的属性信息，新生成的图层和其他图层一样可以进行各种空间分析和查询操作。

根据叠加结果最后欲保留空间特征的不同要求，一般的 GIS 软件都提供了三种类型的多边形叠加操作，合并、裁剪、求交，如图 5.22 所示。

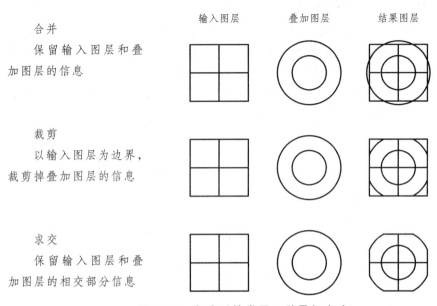

合并
保留输入图层和叠加图层的信息

输入图层　　叠加图层　　结果图层

裁剪
以输入图层为边界，裁剪掉叠加图层的信息

求交
保留输入图层和叠加图层的相交部分信息

图 5.22　多边形的常用三种叠加方式

5.4.2　缓冲区分析

邻近度描述了地理空间中两个地物距离相近的程度，邻近度的确定是空间分析的一个重要手段。交通沿线或河流沿线的地物有其独特的重要性，如公共设施（机场、商场、邮局、银行、医院、车站、学校等）的服务半径，大型水库建设引起的搬迁，铁路、公路以及航运河道对其所穿过区域经济发展的重要性等，均是邻近度问题。缓冲区分析是解决邻近度问题的空间分析重要工具。

缓冲区指的是点、线、面地理空间目标的一定影响范围或服务范围。点、线、面对象生成的缓冲区都是一个新的面对象。从数学的角度看，缓冲区分析的基本思想是给定一个空间对象或集合，确定它们的邻域，邻域的大小由邻域半径 R 决定。因此对象 O_i 的缓冲区定义为

$$B_i = \{x : d(x, O_i) \leqslant R\}$$

对象 O_i 的半径为 R 的缓冲区为距 O_i 的距离 d 小于 R 的全部点的集合。d 一般是最小欧氏距离，但也可是其他定义的距离。对于对象集合：

$$O = \{O_i : i = 1, 2, \cdots, n\}$$

其半径为 R 的缓冲区是各个对象缓冲区的并集，即

$$B = \bigcup_{i=1}^{n} B_i$$

图 5.22 所示为点对象、线对象、面对象及对象集合的缓冲区示例。

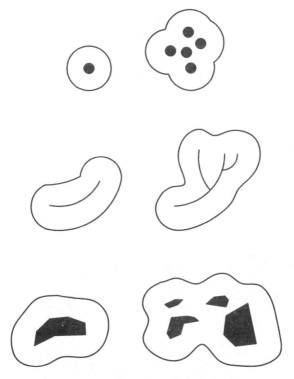

图 5.23　点、线、面的缓冲区

缓冲区的计算方法主要有角平分线法和凸角圆弧法两种。

1. 角平分线法

角平分线法的算法是在轴线首尾点处，作轴线的垂线并按缓冲区半径 R 截出左右边线的起止点；在轴线的其他转折点上，用与该线所关联的前后两邻边距轴线的距离为 R 的两平行线的交点来生成缓冲区对应顶点，如图 5.24 所示。

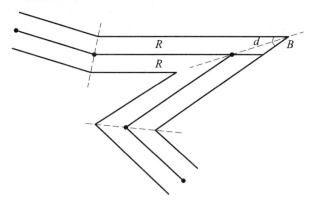

图 5.24　角平分线法

缓冲区计算的关键是确定角平分线上左右缓冲点的坐标，该坐标的算法如下：

如图 5.25 所示，设轴线上顺序相邻的三点 A、B、C，其坐标依次为（ x_a, y_a ）、（ x_b, y_b ）和（ x_c, y_c ）。令 AB、BC 连线的方位角为 α_{ab} 和 α_{bc}，沿前进方向左右侧的缓冲宽度分别为 d_l 和 d_r，则 B 点的左右缓冲点 B_l 和 B_r 的坐标分别为

$$\begin{cases} x_{bl} = x_b - D_l \cos\beta_b \\ y_{bl} = y_b - D_l \sin\beta_b \end{cases}$$

$$\begin{cases} x_{br} = x_b + D_r \cos\beta_b \\ y_{br} = y_b + D_r \sin\beta_b \end{cases}$$

且

$$D_l = \frac{1}{2\sin\left(\dfrac{\theta_b}{2}\right)} d_l, \quad D_r = \frac{1}{2\sin\left(\dfrac{\theta_b}{2}\right)} d_r$$

$$\theta_b = \begin{cases} \alpha_{bc} - \alpha_{ba} \cdots (\alpha_{bc} > \alpha_{ba}) \\ \alpha_{bc} - \alpha_{ba} + 2\pi \cdots (\alpha_{bc} < \alpha_{ba}) \end{cases}$$

$$\alpha_{ba} = \begin{cases} \alpha_{ab} + \pi \cdots (\alpha_{ab} < \pi) \\ 2\pi - \alpha_{ab} \cdots (\alpha_{ab} \geq \pi) \end{cases}$$

$$\beta_b = \alpha_{ba} + \frac{1}{2}\theta_b$$

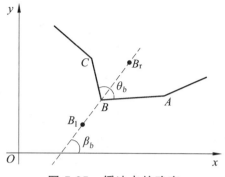

图 5.25　缓冲点的确定

2．凸角圆弧法

在轴线首尾点处，作轴线的垂线并按双线和缓冲区半径截出左右边线起止点；在轴线其他转折点处，首先判断该点的凸凹性，在凸侧用圆弧弥合，在凹侧则用前后两邻边平行线的交点生成对应顶点。这样外角以圆弧连接，内角直接连接，线段端点以半圆封闭，如图 5.26 所示。

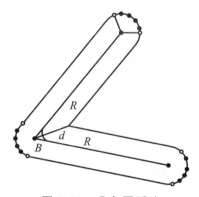

图 5.26　凸角圆弧法

在凹侧平行边线相交在角分线上，交点距对应顶点的距离与角平分线法公式类似：

$$d = R/\sin(B/2)$$

该方法最大限度地保证了平行曲线的等宽性，避免了角平分线法的众多异常情况。

5.4.3 网络分析

网络是由节点和弧段组成的系统。人类的社会经济活动中广泛地涉及网络空间问题，人类对于网络活动总是趋于根据一定目标选择达到最佳效果。对交通运输网络（主要包括铁路、公路、航空）、城市基础设施网络（主要包括电力线、电话线、供排水管线、煤气管道等）进行地理分析和模型化，实现路径、结构及其资源调配的优化，是地理信息系统中网络分析功能的主要目的。网络分析的数学基础是图论和运筹学。网络分析主要的研究内容包括路径分析（最短路径、最佳路径）和资源分配。

1．网络基本元素及其属性

网络数据在结构上由链和结点组成，其属性包括：

（1）链

网络中各种资源流动的管线，如空中航路、道路、铁路、河流、水管、电线等，其基本属性为长度，进而可扩展为时间、费用、阻抗、容量、可靠性等。

（2）结点

网络中链的交点，如机场、航路交汇点、路口、港口、车站、电站等，其状态属性包括阻抗和需求等。根据结点的特殊性，又可命名为以下几种特殊类型：

① 障碍，禁止网络中链上资源流动的点，比如空中的禁飞区。

② 拐点，网络链中的分割结点，状态属性有阻抗，如城市街道道口的拐弯时间限制（08：00到18：00不许左转）。

③ 中心，接受或分配资源的结点，如机场、水库、商业中心、电站等，其状态属性主要为资源容量。

④ 站点，在路径选择中资源增减的结点，如库房、车站等，其状态属性为资源需求。

2．路径分析

路径分析指的是网络系统中在指定的网络结点间按照一定的规则确定路由顺序。根据规则的不同，有不同的路径分析方式。当规则为路径距离最短时为最短路径分析；当规则为通行时间最短、费用最低、利用率最高等优化指标时统称为最佳路径分析。

（1）最短路径分析。

最短路径指网络图中一个点对之间总距离最小的连接起讫点的边的序列。路径分析的关键是对路径的求解，即如何确定起点至终点的路由。最短路径问题是网络分析的基本问题，网络优化的其他问题都可以转化为最短路径问题。

① 最短路径的数学模型。

设 $G = <V, E>$ 是一个非空的简单有限图，V 为节点集，E 为边集。对于任何 $e = (v_i, v_j) \in E, w(e) = a_{ij}$ 为边 (v_i, v_j) 的距离。设 P 是 G 中两点之间的一条有向路径，定义 P 的距离：

$$W(P) = \sum_{e \in E(P)} w(e)$$

则 G 中两点间距离 $W(P)$ 最小的有向路径 P 称为这两点之间的最短路径。最短路径的数学模型为

$$\begin{cases} \min \sum_{(v_i, v_j) \in E} a_{ij} x_{ij} \\ x_{ij} \geqslant 0 \\ \sum_{(v_i, v_j) \in E} x_{ij} - \sum_{(v_j, v_i) \in E} x_{ji} = \begin{cases} 0, i = 1 \\ 0, 2 \leqslant i \leqslant n = 1 \\ -1, i = n \end{cases} \end{cases}$$

其中，x_{ij} 为边 (v_i, v_j) 出现的次数。最短路径的确定就是求解上述数学模型的最优解。

② 最短路径的算法。

最短路径的最经典算法是 Dijkstra 于 1959 年提出的按路径长度递增的次序产生最短路径的算法。该算法适用于所有链的权值非负的网络，可以给出从某定点到网络中其他所有顶点的最短路径。Floyd 于 1962 年提出了可以解决链的权值为负的网络最短路径问题算法，并求出网络所有结点之间的最短路径。由于 Dijkstra 算法是全局搜索算法，占用的存储空间大，而且随着网络节点规模的增大，计算效率大为降低。为提高搜索效率，并应用于不同的研究领域，国内外提出了数十种 Dijkstra 算法的改进方法，其中，A*算法引入全局信息，对当前判断节点距离终点的距离作出估计，作为评价该节点处于最优路线上的可能性的度量，搜索出可能性较大的节点，从而

提高搜索效率。

Dijkstra 算法可以用于计算从权值非负的有向图中任意一个节点到其他节点的最短路径计算。该算法的基本思想是：若从起点 S 到终点有一条最短路径，则该路径上的任何点到 S 的距离都是最短的。为了得到 $S{\rightarrow}T$ 的最短路，可先求出 S 到中间点的最短路，再扩展到终点。Dijkstra 算法又可称为双标号法，为已确定为最短路上的点标注两个标号，如 K 点至起点的距离为 18，其前面最短路上的点编号为 9，则 K 点标号为 $K(18, 9)$。当从起点开始向后搜索到终点后，终点标号的第一位数字即最短路径的总长度，后一位数字为最短路上的前一点标号，逐次前推，即可确定最短路径。

Dijkstra 算法的计算步骤如下：

a. 对起点 v_s 赋标号 $(0, \bar{s})$，并将起点置于已确定最短路的节点集合 S，其余点置于未确定最短路节点集 T 中。

b. 对网络中起点在 S 中，终点在 T 中的弧段 a_{ij}，计算

$$d(v_s, v_k) = \min_i \{d(v_s, v_i) + \min_j[w_{ij}] \big| v_i \in S, v_j \in T\}$$

并将 v_k 置于 S 中，同时为其赋标号（$d(v_s, v_k), i$）。

c. 重复步骤 2，当 $v_t \in S$ 时计算结束。v_t 的第一个标号为起点至终点的最短距离，从第二个标号反向追踪，可得最短路径。

③ 最短路径的 GIS 软件实现。

GIS 系统一般都在网络分析功能模块下具有最短路径分析的功能，进行最短路径分析之前，必须完成线状地理实地的矢量化，拓扑处理，网络生成，最后在网络分析功能模块下选择进行最短路径分析的起点和终点，即可在图形窗口生成高亮显示的最短路径，并生成相应最短路径的文本数据。SUPERMAP 中生成的最短路径和文本如图 5.27 所示。

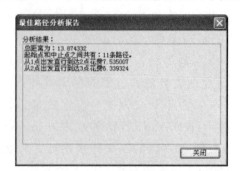

图 5.27 最短路径文本数据及图示

（2）最佳路径分析。

在地理网络分析中，除了最短路径分析以外，还有时间最短、容量最大、运输成本最低、行驶最安全等评价准则，这类具有优化评判特点的路径分析问题，统称为最佳路径分析。

最佳路径从本质上来说，是通过定义网络各链的权值来实现的，将链的权值通过函数转化为时间、成本等评价指标，利用最短路径分析的算法即可实现最佳路径搜索。

设 $G = <V, E>$ 是一个非空的简单有限图，V 为节点集，E 为边集。对于任何 $e = (v_i, v_j) \in E$，c_{ij} 为边 (v_i, v_j) 的运输成本。P 是 G 中的两点间的一条有向路径，定义 P 的成本为 P 中边的运输成本的最小值，即

$$C(P) = \min_{e \in E(P)} c_{ij}$$

则 G 中这两点间运输成本最小的路径为最经济路径。建立 c_{ij} 的数学模型，并对每个弧段计算出具体数值后，即可利用最短路径的算法实现运输成本最小的最佳路径搜索。

3. 资源分配分析

在地理网络中，常涉及根据应用需求将资源分配到所需地点。资源分配有两种形式，一种是由分配中心向四周分配，另一种是由四周向收集中心分配。资源分配的问题可以划分为三类：一是需求点和供应点都确定的情况下，如何合理分配资源，比如物流配送；二是新增供应点的定位，比如机场规划选址；三是新增需求点的定位，比如居民点的选址。

资源分配的核心是资源的分配方案和供应点及需求点的定位，是网络设施布局、规划的优化问题，本质上是供应点和需求点的优化配置。

在资源分配问题中，经典的问题为 P 中心定位问题，即在 m 个候选供应点中选取 P 个供应点为 n 个需求点提供服务，以使得为 n 个需求点服务的总距离（或者总时间、总费用等指标）最小。假设 ω_i 为需求点 i 的需求量，d_{ij} 记为从供应点 j 到需求点 i 的距离，P 中心问题可以建立如下数学模型：

$$\begin{cases} \min\left(\sum_{i=1}^{n}\sum_{j=1}^{m}\alpha_{ij}\omega_i d_{ij}\right) \\ \sum_{j=1}^{m}\alpha_{ij} = 1 \qquad (i = 1, \cdots, n) \\ \sum_{j=1}^{m}\left(\prod_{i=1}^{n}\alpha_{ij}\right) = p \quad (p < m < n) \end{cases}$$

上式中，α_{ij}是分配指数，若需求点i受供应点j服务，其值为 1；否则为 0。约束条件保证了每个需求点仅受一个供应点服务，并且仅有p供应点。

上述模型的求解可用线性规划求得全局最优解，或采用启发式算法逼近最优解。启发式算法中应用最为广泛的 Teitz-Bart 算法如下：

（1）先选p个候选点作为起始供应点集$P_1：C_1，C_2，C_3，\cdots，C_p$。

（2）将所有的需求点归为它们最邻近的供应点服务以使其距离最短，计算总加权距离B_1。

（3）从未选入的候选点集合中选一候选点C_b，C_b不在P_1之中。

（4）对P_1中的每一供应点C_j，用C_b来代替，并计算其总加权距离的变化Δb_j。

（5）从P_1中找出一个供应点C_k，其被C_b取代可以使总加权距离减少最多，即

$$\Delta b_k < 0 \text{ 且 } \Delta b_k = \min \Delta b_j (j = 1, \cdots, p)$$

这一C_b取代C_k，必须使总加权距离减少；不然就不存在取代。

⑥ 如果在第⑤步中找到C_k，则C_b取代P_1中的C_k，并改名P_1为P_2。重新计算总的加权距离，记为B_2。如果在第⑤步中没有找到这样的C_k，转到第⑦步，保留P_1。

⑦ 选另一个未试过的候选点，既不在P_1中，也不在P_2中。重复第④到⑥步。

⑧ 当所有不在P_1中的候选点都试过后，其结果记为P_t，取代P_1。并重复第②到⑦步的循环。

⑨ 每完成一个循环②~⑧，如果没有任何取代能减少总的加权距离，则停止。其最后的结果P_t则是所求的P个中心的供应点。

5.5　数字高程模型

5.5.1　概　述

1958 年，美国麻省理工学院摄影测量实验室主任 Miller 教授在美国交通研究部门工作期间，为解决道路工程计算机辅助设计问题，使用道路横断面数据定义地形表面，首次提出 DTM 的概念。DTM 还可以用于表达地形属性为地面温度、降水量、地球磁力、重力、土地利用、土壤类型等其他地面特

性信息。数字高程模型（DEM，Digital Elevation Model）是数字地形模型
（DTM，Digital Terrain Model）的地形属性为地表高程时的数字表达。

　　DEM在测绘中被用于绘制等高线、坡度坡向图、立体透视图，制作正射
影像图、地貌晕渲图等。DEM广泛地应用于铁路、公路选线和机场规划选址
时的面积、体积、坡度计算，任意两点间的通视判断及剖面图绘制。作为地
理信息系统的基础数据，DEM可用于任意点的高程查询、三维场景构建、电
子沙盘制作等。

　　从数学的角度，数字高程模型是高程 E 关于平面坐标 (x, y) 两个自变
量的连续函数，该函数可表示为

$$E = f(x, y)$$

式中，E 为地表某点的高程；(x, y) 为某点的二维坐标，可以是投影平面坐标，
也可以是经纬度坐标或矩阵的行列号。

　　DEM采集的过程即根据个别实测点三维坐标，内插或外推以后建立全部
研究区域DEM的过程。DEM原始数据的采集方法主要有地面实测、纸质地
图数字化、空间传感器实测和航空数字摄影测量等。

　　地面实测一般采用电子速测经纬仪或全站经纬仪在野外实测。实测数据
经过经纬仪微处理器计算后，通过串行通讯，输入计算机中进行后续处理。

　　利用手扶跟踪数字化仪或者扫描仪对已有地图上的标高点和等高线进行
数字化后，即可利用GIS平台软件生成各种格式的DEM数据。

　　空间传感器实测是指利用全球定位系统GPS，结合雷达和激光测高仪等
进行地面点的三维数据采集。

　　数字摄影测量利用测量平台附有的自动记录装置的立体坐标仪、解析
测图仪及数字摄影测量系统，进行人工、半自动或全自动的量测来获取高
程数据。

5.5.2　DEM的主要表示模型

　　在地理信息系统中，DEM主要采用规则格网（GRID）模型和不规则三
角网（TIN，Triangulated Irregular Network）模型表示。

1. GRID模型

　　规则格网，通常采用正方形，也可采用矩形、三角形等几何尺寸规则的
格网。规则格网将地理空间切分为规则的格网单元，每个格网单元对应一个

高程数值。数学上可以表示为一个矩阵，在计算机中使用二维数组存储。每个格网单元或数组的一个元素，对应一个高程值，如图 5.28 所示。

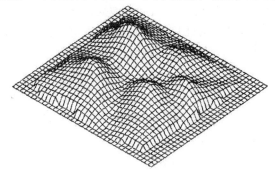

图 5.28　格网 DEM

规则格网的高程数值是格网中心点的高程值，计算任何非格网中心的坐标点的高程值，使用周围 4 个中心点的高程值，采用距离加权平均法、样条函数或克里金插值等方法进行计算。

规则格网的优点在于数据结构简单，很容易计算等高线、坡度坡向等地形参数。格网 DEM 的缺点是不能准确表示地形的结构和细部，数据量过大，并且地形平坦区域数据冗余量大，通常要进行压缩存储。

2. TIN 模型

TIN 模型根据区域有限个点集将区域划分为相连的三角面网络，区域中任意点落在三角面的顶点、边上或三角形内。如果点不在顶点上，该点的高程值通常通过线性插值的方法得到（在边上用边的两个顶点的高程，在三角形内则用三个顶点的高程）。TIN 模型在概念上类似于多边形网络的矢量拓扑结构。TIN 的数据存储方式比格网 DEM 复杂，不仅要存储每个点的高程，还要存储其平面坐标、节点连接的拓扑关系，三角形及邻接三角形等关系。如图 5.29 所示，对于每一个三角形、节点都对应一个记录，三角形的记录包括其顶点和相邻三角形，每个节点包括三个坐标值的字段，分别存储 x、y、z 坐标。

TIN 减少规则格网方法带来的数据冗余，同时在计算（如坡度）效率方面又优于纯粹基于等高线的方法。不规则三角网与高程矩阵方法不同之处是随地形起伏变化的复杂性而改变采样点的密度和决定采样点的位置，因而它能够避免地形平坦时的数据冗余，又能按地形特征点如山脊、山谷线、地形变化线等表示数字高程特征。

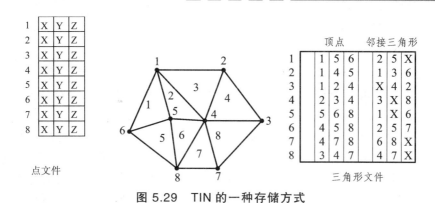

图 5.29   TIN 的一种存储方式

5.5.3   DEM 模型之间的相互转换

大部分 DEM 数据都是规则格网 DEM，但由于规则格网 DEM 的数据量大而不便存储，也可能由于某些分析计算需要使用 TIN 模型的 DEM，如进行通视分析。此时需要将格网 DEM 转成 TIN 模型的 DEM。反之，如果已有 TIN 模型的 DEM 数据，为满足某种应用的需要，也需要转成规则格网的 DEM。

1. 不规则点集生成 TIN

对于不规则分布的高程点，可以形式化地描述为平面的一个无序的点集 P，点集中每个点 p 对应于它的高程值。将该点集转成 TIN，最常用的方法是 Delaunay 三角剖分方法，生成过程分两步完成：

（1）利用 P 中点集的平面坐标产生 Delaunay 三角网。

（2）给 Delaunay 三角形中的节点赋予高程值。

产生 Delaunay 三角网的准则为：

（1）任何一个 Delaunay 三角形的外接圆内不能包含任何其他离散点。

（2）相邻两个 Delaunay 三角形构成凸四边形，交换凸四边形的对角线后，六个内角的最小值不增大，即符合最小角最大准则。

生成 Delaunay 三角网的过程如图 5.30 所示。

构建三角网

图 5.30   Delaunay 三角网构建

2. GRID 转成 TIN

格网 DEM 转成 TIN 可以看做是一种规则分布的采样点生成 TIN 的特例，其目的是尽量减少 TIN 的顶点数目，同时尽可能多地保留地形信息，如山峰、山脊、谷底和坡度突变处。格网 DEM 生成不规则三角网的代表性方法是保留重要点法。

保留规则格网 DEM 中的重要点来构造 TIN 的方法是通过比较计算格网点的重要性，保留重要的格网点。重要点是通过 3×3 的模板来确定的，根据 8 邻点的高程值决定模板中心是否为重要点。格网点的重要性是通过它的高程值与 8 邻点高程的内插值进行比较，差分超过某个阈值的格网点保留下来。被保留的点作为三角网顶点生成 Delaunay 三角网。如图 5.31 所示，由 3×3 的模板得到中心点 P 和 8 邻点的高程值，计算中心点 P 到直线 AE、CG、BF、DH 的距离，再计算 4 个距离的平均值。如果平均值超过某一阈值，说明 8 邻点围限区域地形较起伏，P 点为重要点；将其保留作为 Delaunay 三角网的一个顶点；否则去除 P 点。

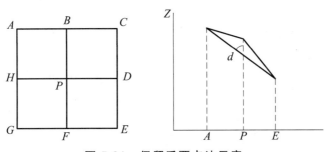

图 5.31   保留重要点法示意

3. 等高线转成 GRID

等高线是表示地形起伏的最常见的线模式表示方法。现有地图大多数都绘有等高线，因此，利用纸质地图，将其扫描矢量化后，将连续的等高线离散化为点，即可采用各种内插算法将等高线转变为 DEM 数据。

内插算法分为局部内插和整体内插两种。下面介绍属于局部插值算法的距离倒数加权平均算法：

设地理空间中第 i 点到格网点（x,y）的距离为

$$d_i = \sqrt{\left(x - x_i\right)^2 + \left(y - y_i\right)^2} \qquad (i = 1, 2, \cdots, n)$$

因为距离格网点越远的已知点对格网点高程内插值的影响越小，因此，须将第i点到格网点（x,y）的距离为d_i转变为其倒数，作为对格网点影响的权值，即

$$P_i = \frac{1}{d_i} \quad (i = 1, 2, \cdots, n)$$

最后，对格网点周围的n个点的高程（第i点的高程为z_i）作加权平均，作为格网点的高程，即

$$Z = \frac{\sum_{i=1}^{n}(P_i Z_i)}{\sum_{i=1}^{n}P_i}$$

4．利用 GRID 提取等高线

利用 GRID 提取等高线的方法在原理上类同于传统的纸质地形图上根据地形标高点绘制等高线。利用 GRID 生成等高线时，需要将其中的每个点视为一个离散几何点，这样可以根据格网 DEM 中相邻四个点的高程值利用各种内插方法计算出和格网中心点高程相等的点的位置，进而连接成为等高线。利用 GRID 生成等高线的过程如图 5.32 所示。

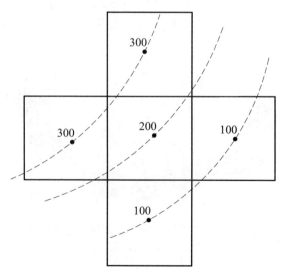

图 5.32　GRID 生成等高线示意

5. TIN 转成格网 DEM

TIN 转成格网 DEM 可以看作普通的不规则点生成格网 DEM 的过程。方法是按要求的分辨率大小和方向生成规则格网，对每一个格网搜索最近的 TIN 数据点，按线性或非线性插值函数计算格网点高程。

5.5.4　DEM 的分析和应用

1．地形曲面拟合

DEM 最基本的应用是求取 DEM 范围内任意点的高程，然后进行各种地形属性分析。根据已知格网点的高程，可以利用这些格网点高程拟合一个地形曲面的函数，推算出区域内任意点的高程。在 GIS 软件中，可采用鼠标点击查询或弹出查询窗口输入坐标值精确查询高程的方式获取任意点的高程。

2．立体透视图

利用数字高程模型绘制立体透视图是 DEM 的一个极其重要的应用。立体透视图能更好地反映地形的立体形态，便于直观地判断地形类型及其特点，更接近人类的直观视觉（见图 5.33）。特别是随着计算机图形处理能力的增强以及屏幕显示系统的发展，使立体图形的制作具有更大的灵活性。应用人员可以放大 DEM 局部细节，改变高程值 z 的放大倍率以夸大立体形态，改变视角位置以观察三维场景的变化，转动立体图形研究地形的空间形态。

图 5.33　用 DEM 生产的立体透视图示例

3．通视分析

通视分析具有非常广泛的应用背景。比如，在地形复杂地区设置观察哨所时，要求观察哨所处位置，能完全观察到感兴趣区域，观察人员的视线不被地形阻挡。在民航机场终端区空管设施安装选址时，要求无线发射塔的安装位置能实现对飞行程序范围内的信号全覆盖，避免终端区飞行的飞机被地形阻挡而无法接受导航台的信号。

如图 5.34 所示，通视分析指根据视点位置，计算视点与待判定点之间的可见性问题。图 5.34 是从视点至格网点 P 的剖面图，A 点至 P 点能否可视的判断关键就是计算出 A 点至 P 点的倾角 α，和 A 点至 AP 之间格网点连线的倾角对比，若大于所有倾角，则 A 点和 P 点间可视。

设 A 点的坐标为（x_0, y_0, z_0），P 点坐标为（x_p, y_p, z_p），B 点坐标为（x_i, y_i, z_i），AP 之间的倾角正切值为

$$\tan\alpha = \frac{z_p - z_0}{\sqrt{(y_p - y_0)^2 + (x_p - x_0)^2}}$$

AB 之间的倾角正切值为

$$\tan\beta = \frac{z_i - z_0}{\sqrt{(y_i - y_0)^2 + (x_i - x_0)^2}}$$

若 $\tan\alpha$ 大于 $\tan\beta$，则 AP 通视。

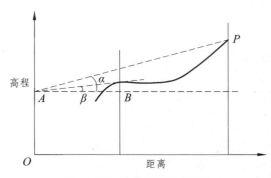

图 5.34　通视分析剖面图

4．利用 DEM 计算地形属性

利用 GIS 建立 DEM 后，可以派生计算坡度、坡向、地表面积、挖填方体积等地形属性。

（1）坡度、坡向。

坡度的定义为水平面与局部地表之间的夹角。在笛卡儿坐标系下，地表面与水平面的夹角等于地表面法线与 Z 轴的夹角。坡向为地表面法线在水平

面上的投影线与正北方向的夹角，该夹角从正北方向顺时针旋转至法线的投影线。

坡度的计算公式为

$$\tan \beta = \sqrt{(\Delta z / \Delta x)^2 + (\Delta z / \Delta y)^2}$$

坡向计算公式为

$$\tan A = (-\Delta z / \Delta y)/(\Delta z / \Delta x) \qquad (-\pi < A < \pi)$$

上两式中，β 为坡度，A 是坡向，$\Delta x, \Delta y, \Delta z$ 为单位法线在笛卡儿坐标的投影线长度。

（2）表面积。

对于格网，可由 4 个角点的高程取平均即中心点高程，然后将格网分成 4 个三角形。由每一三角形的三个角点坐标（x_i, y_i, z_i）计算出通过该三个顶点的斜面内三角形的面积，最后累加就得到了实际地表面的表面积。

（3）挖填方体积。

DEM 体积由四棱柱或三棱柱体积进行累加得到，四棱柱体上表面用抛物双曲面拟合，三棱柱体上表面用斜平面拟合，下表面均为水平面或参考平面，计算公式分别为

$$\begin{cases} V_3 = \dfrac{z_1 + z_2 + z_3}{3} \cdot S_3 \\ V_4 = \dfrac{z_1 + z_2 + z_3 + z_4}{4} \cdot S_4 \end{cases}$$

其中，S_3 与 S_4 分别是三棱柱与四棱柱的底面积。

根据上述两个 DEM 可计算工程中的挖填方量。

5.6   GIS 制图

5.6.1   概　述

地理信息系统发源于地图，并成为地图信息的新型管理工具，具有编辑、存储、管理、分析和显示地理信息的功能。随着计算机制图技术的发展，各种制图符号可以完全由计算机绘制，形成 GIS 制图符号库，通过制图综合，完成各种地图的综合布局后，输出为计算机图形文件。最后，利用绘图仪、

打印件等硬件，实现地图输出。GIS制图的模式如图5.35所示。本节重点阐明制图要素、GIS专题图种类和专题图的设计方法。为了奠定专题图设计基础，本节简明介绍制图的比例尺、投影方法、地图符号和注记。

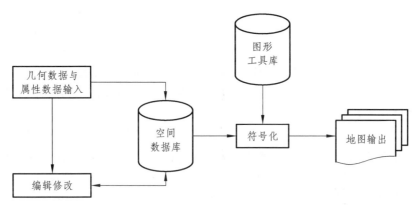

图 5.35　GIS 制图流程

1. 地图比例尺与投影方法

地图从本质上来说，是将地球表面的地形、地物和社会经济活动数据以约定的符号和注记形式标注在纸质载体上。因为地球为近似椭球体，并且一般来说地图是将地球椭球表面上广大区域的信息缩小后绘制，因此，地图绘制必须遵守的两个数学准则就是比例尺和投影方法。比例尺是地图上直线长度与地面上相应距离的水平投影长度之比，是地图线形缩小程度的标志。确定比例尺时，必须考虑重点制图要素缩小后能保证可见的最小图上尺寸，因人眼一般能判断的最小直尺距离为 1 mm，因此，若要全按比例尺绘制，则比例尺等于 1 mm 与相应地物实际长度的比值。

将地球椭球面上信息按一定数学法则投影到平面上的方法叫投影方法。只有按一定投影方法绘制的地图，才能使地球表面上各点和地图平面上的相应各点保持一定的函数关系，从而才能在地图上准确地表达空间各要素的分布规律，尽量保证其长度、角度、面积不失真，使地图具有可量测性。

2. 地图符号

地图符号是表示事物的空间位置、形状、质量和数量特征，及其相互联系和区域特征的基本手段。地图符号由形状不同、大小不一、色彩有别的图形和文字组成，具有形象直观的特点。图形符号的三大基本因素为形状、尺寸和颜色。符号形状示事物的外形和特征；符号大小和地图的内容、用途、比例尺、目视分辨能力、印刷能力等都有关系；符号的颜色增强地图各要素分类、分级的概念，减少符号数量，提高地图的表现力。

根据符号的定位情况可以将符号分为定位符号和说明符号。定位符号是指图上有确定位置，直接反应地形地物空间位置，不能任意移动的符号，如城镇、标高点、河流、各种边界线，地图符号大部分都属于定位符号。说明符号是用于说明事物的质量和数量特征而附加在地图上的一类符号，通常依附于定位符号，进近图平面图中的障碍物灯符号即为说明符号。

根据符号所代表的客观事物的空间分布状况，一般把符号分为点状符号、线状符号和面状符号。

点状符号又称为不依比例尺符号，用于表示不能按照预定比例尺绘制的小面积事物（如 1∶100 万地图上的场镇、机场等）和点状事物（如烟囱）。点状符号的形状和颜色表示事物的性质，点状符号的大小通常反映事物的等级或数量特征，其大小与地图比例尺无关，只具有定位意义，图 5.36 示出了几种常用的点状符号。

图 5.36　点状符号示例

线状符号是用于表达呈线状展布的事物的符号，如航线、铁路、公路、河流，线状地物的长度严格按比例尺绘制，但宽度一般不能按照比例尺绘制，仅具有代表意义。线状符号一般用不同的形状和颜色表示事物的类别，用宽度表示事物的等级或数值。线状符号能表示事物的分布位置、延伸形态和长度，但不能表示其宽度，又称为半依比例尺符号。几种常见的线状符号如图 5.37 所示。

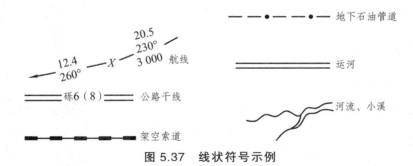

图 5.37　线状符号示例

面状符号是能严格按照地图比例尺表示出事物分布范围的符号，又叫全依比例尺符号。面状符号用轮廓线（实线、虚线或点线）表示事物的分布范围，其形状与事物的平面展布图形一致，轮廓线内用颜色或说明符号表示事物性质和数量。面状符号具有长度、宽度和面积的量测性。图 5.38 示出了几种面状符号。

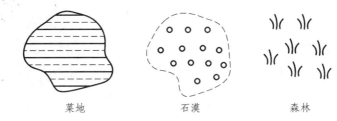

菜地　　　　　　　石漠　　　　　　　森林

图 5.38　面状符号示例

3. 地图注记

地图上的文字和数字说明总称为地图注记，用于对事物的名称、质量和数量特征进行补充说明。地图注记分为名称注记、数字注记、说明注记三种。名称注记用于说明各种事物的具体名称，如城镇名称、省份名称、航路图上的机场名称等；说明注记用于对各种事物的种类、性质进行补充说明，以弥补地图符号的不足，如进近图上的复飞文字说明；数字注记用来说明地理要素的数量特征，如等高线旁标注的高程、航路图上航线上方标注的航线距离和下方标注的最低安全高度等，如图 5.39 所示。

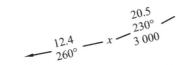

图 5.39　航路图上的数字注记

地图注记的尺寸，以照相排字机注明的规格为标准，在一幅图上，按照事物的重要程度确定注记的字级，其大小应与图形符号相对应。注记的颜色应尽量与注记所表示的事物类别对应。

为提高读图效率，制图时应注意注记的排列方式和配置。注记配置的基本原则是不能压盖地图重要内容。注记应与其所说明的地理对象具有明确的关系。点状地物的注记，应以点状符号为中心，在其上下左右四个方向中的任一适当位置配置注记，呈水平方向排列；对于线状地物，注记沿线状符号延伸方向从左向右或从上向下排列，字的间隔均匀一致，特别长的线状地物，名称注记可重复出现；对于面状地物，注记一般置于面状符号之内，沿面状符号最大延伸方向从上往下配置，字的间隔均匀一致。图 5.40 所示为典型的点、线、面注记配置方式。

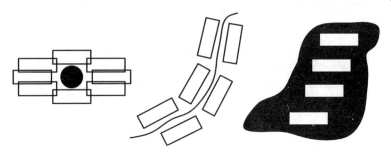

图 5.40　点线面的注记配置方式

GIS 系统可以将注记作为属性，通过空间数据搜索实现注记的自动标注。标签专题图中的标签注记即是利用了自动标注功能实现属性的标注。

5.6.2　专题地图分类

专题地图是专门用于表示自然现象、社会和经济现象的地图。根据其表示的内容可以划分为三大类：自然地图、社会经济地图和特种地图。自然地图表示自然界各种现象的特征、地理分布及其相互关系，如地质图等；社会经济地图表示各种社会经济现象的特征、地理分布及其相互关系，如行政区划图等；特种地图指根据行业规范制定，专门用于特定行业运行的地图，如民航的高空航图、仪表进近图和目视航图等。

专题地图的内容由基础地理内容和专题内容组成。基础地理内容即普通地图上的经纬网、水系、居民点、交通网和地形等，作为编绘专题地图的骨架，并表示专题内容的地理位置和说明专题内容与地理环境的关系。专题内容，一是根据行业的需要将某类要素完备标绘而将基础地理要素放到次要地位，如高空航图；二是标绘自然界、社会经济中的一些隐形要素，如气象等压线图。以下介绍面状分布的几种专题地图。

1. 等值线图

等值线指地理空间中某项指标的数值相等的连线，如等高线、等温线、等压线。等值线图用于表示地理空间中连续分布并且渐变的现象。等值线的数值间隔一般取常数，这样可以根据等值线的疏密程度判断等值线代表的数值的变化梯度。比如，地形等高线越密，地形坡度越大，等高线稀疏的地方地形越平坦。图 5.41 示出的为某地区地形等高线图。

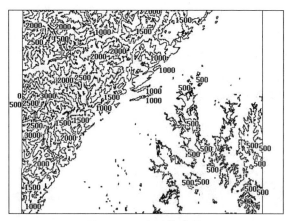

图 5.41　地形等高线

2. 单值专题图

单值专题图是利用地理对象的某一属性信息用不同的符号(线型或填充)表示不同属性值的差别。单值专题图一般用于制作具有分类属性的地图，比如土壤类型分布图、土地利用现状图、行政区划图等。如图 5.42 所示，某地区土地利用分类图中，采用土地利用类型字段制作单值专题图，蓝色部分表示水域。

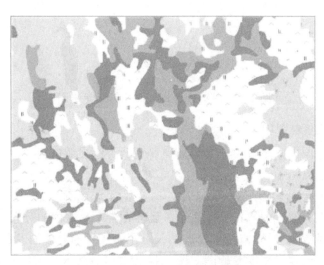

图 5.42 土地利用类型专题图

3. 等级符号专题图

等级符号专题图利用地理空间对象的某一字段属性信息映射为不同等级，每个级别使用与属性值大小相对应的大小不同的符号，表示该属性信息在不同区域的相对大小，以供直观判断某属性的等级。等级符号专题图主要用于绘制具有数量特征的专题地图，比如表示全国各机场的年旅客、货物吞吐量，以及不同行政区域的 GDP 总量和人口数量等级。图 5.43 所示四川省各市州的面积等级专题图，由图可见甘孜州面积最大。

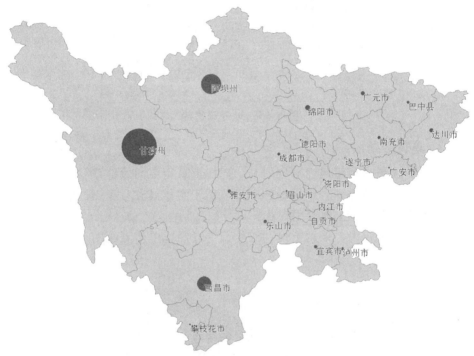

图 5.43 四川省各市州面积等级专题图

4. 点密度专题图

点密度专题图用小点表示某一地理对象的分布和数量，适用于表示分布不均匀的现象。从专题图上点的疏密程度可以看出地理对象的集中或分散的程度。利用地理对象图层的某一字段属性信息映射为不同等级，每一级别使用不同数量或表现为密度的点符号来表示该属性在各个分区内的分布情况，体现不同区域的相对数量差异。点密度专题图仅适用于支持面对象的专题图，其他点、线对象均不能创建点密度专题图。图 5.44 为某区域的人口密度专题图。

图 5.44 人口密度专题图

5. 统计专题图

统计专题图用于统计地理空间对象的属性信息，采用柱状图、饼图等形式，可同时表示多个属性信息，在区域本身与各区域之间形成横向和纵向的对比。统计专题图是唯一可以选择多个属性信息的专题图，允许一次分析多个数值型变量。统计专题图多用于具有相关数量特征的地图上，比如统计全国各运输机场的客运量等。图 5.45 为我国南方八省市某年的几项经济指标统计专题图。

图 5.45 统计专题图

6. 标签专题图

标签专题图主要用于在地图上做注记说明。其一般用地理空间对象的属性信息中某字段对点、线、面等对象做注记；主要采用文本型或数值型字段，完成地名、道路名称、河流等级、宽度等信息标注。图 5.46 为四川省各市州的标签（名称）专题图。

图 5.46 四川省市州标签专题图

7. 地貌晕渲图

地貌晕渲图主要用于表现丘陵和山地地区地形的高低起伏，增强地图的视觉效果。地貌晕渲图最初来源于航空摄影测量的测量人员空中对地面的感受。利用 DEM 生成地貌晕渲图比航空摄影测量获得的航空相片成本大大降低。利用 GIS 系统从 DEM 自动生成的地貌晕渲图具有以下特点：第一，晕渲图不包括任何地面覆盖信息，仅表现地表起伏状态；第二，光源一般来自于西北 45°方向；第三，经过平滑处理，不能显示地形细节。

地貌晕渲图的计算制作过程：首先根据 DEM 数据计算坡度和坡向；然后将坡向数据与光源方向比较，面向光源的斜坡得到浅色调灰度值，反方向的得到深色调灰度值，两者之间得到中间灰度值。灰度值的大小则按坡度进一步确定。图 5.47 为利用 GIS 制作完成的四川绵阳北川地区的地貌晕渲图。

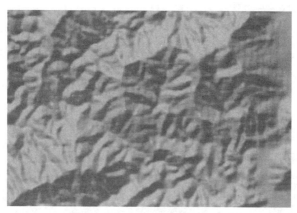

图 5.47　地貌晕渲图示例

5.6.3　专题地图设计

设计专题地图，首先要明确制图的范围，然后根据专题图主要使用者对纸张尺寸和地图符号、注记尺寸的要求，确定专题图的比例尺，参考使用者对地图变形失真的要求确定投影方法，制定符号系统后，对专题图的图面布局进行设计。

1．明确制图范围

国家基本比例尺地形图都具有固定的制图范围，比如，1∶100 000 的基本比例尺地形图的制图范围为经度 30′、纬度 20′。制图范围主要根据地图使用者所需要了解的地理区域来确定，一般用地理坐标表示的经纬线来确定制图范围，尽量避免用平面坐标数值来确定制图范围。用经纬线确定制图范围的好处是便于现场采用 GPS 等仪器进行定位。专题地图的制图范围，根据地图的用途和使用者的要求来确定。根据图幅范围，一般可将制图区域分为单幅和分幅两种形式。

（1）单幅。

单幅是指用完整的一幅图来绘制专题区域。将专题区域放置在图幅的正中，根据其形状来确定图幅的横放、竖放和长宽尺寸。专题区域一般作为专题图的主图，其邻接部分保留部分或将邻接部分全部删除留空。专题地图放置的方向一般上北下南，图廓的方向为南北方向或直接用经线表示。只有当专题区域的形状为南北长、东西短时，才将单幅图竖放。

（2）分幅。

当专题区域的范围较大，用既定幅面的纸张制作，根据比例尺计算；用单幅图无法将专题区域的内容全部绘制在一张地图上时，需要将专题区域进行分幅。根据专题区域的大小，分幅图的分幅线采用经纬线分幅时，分幅图一般不能重叠。

不管单幅还是分幅图，专题区域的部分叫主图，主图和外部区域区分的方法有三种：

第一，突出专题区域边界线，专题区域内外的表示方法相同，只把专题区域边界线加粗，或加彩色晕边，突出显示专题区域的范围。

第二，仅绘制专题区域范围内的要素，区域外留空，突出专题区域内容。

第三，专题区域内用彩色绘制，区外用单色绘制，且简化制图要素。

2. 确定比例尺和投影方法

确定专题图的制图范围后，考虑图幅的用途和尺寸要求，根据专题区域的形状、大小，充分利用纸张有效面积，用相应地物的纸张长度除以地物的实际长度计算出地图的比例尺，并将其取整。比如，运输机场应急救援综合方格网图准备作为机场救援中心的挂图，其主图宽度若确定为 80 cm，应急救援规则要求的机场应急范围为机场基准点为圆形，半径 8 km 的区域，用 80 cm 除以 16 km，比例尺为 1∶20 000。

不同的地图投影方法产生不同的地图失真，导致角度、长度或面积的计算数据和实际数据不一致。常用的几种投影方法中，墨卡托投影、高斯投影、兰伯特投影都属于等角投影，极地平面投影属于任意投影，正轴割圆锥等面积投影属于等面积投影。由于航空数据大多涉及航线，要求其航线角不失真。涉及机场建设和运营管理的基础数据要求面积不失真。由于我国大于 1∶500 000（含）的基本比例尺地形图采用高斯-克吕格分带投影，1∶1 000 000 的基本比例尺地形图采用兰伯特投影。两种投影方法都没有角度失真，长度和面积的失真可以忽略不计，因此，利用 GIS 制作航空领域的专题图时，根据不同的比例尺，采用高斯投影或兰伯特投影都可以满足实际需要。

3. 图面设计

专题地图的图面设计在保证客观性、科学性的前提下，应遵循方便、舒适的原则，尽力提高读图效率，避免误读地图信息。专题图图面设计的内容主要包括图名、比例尺、图例、附图、文字说明和图廓等。两种典型的图面布局如图 5.48 所示。

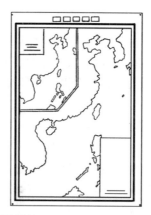

图 5.48 两种典型图面设计

（1）图名。

专题地图的图名应简明地表达地图的主题或制图区域的信息。图名的字体应与图幅大小相称，以等线体或美术体为主。图名位置的安排一般是根据制图区域的形状，以横排的方式放在图幅正上方、左上方或右上方。

（2）比例尺。

比例尺有三种表示方法：一是文字比例尺（如一比四百万或一厘米相当于十公里）；二是数字比例尺（如 1：4 000 000）；三是图解比例尺，用刻画的形式给出图上单位长度对应的地面实际距离，采用图解比例尺的优点在于将地图缩放后不影响图上距离代表的实际距离量测。比例尺一般放在图例的下方，也可放在图廓外下方正中位置。

（3）图例。

图例是专题内容的符号化表现，图例中符号的形状、尺寸和颜色应与图中完全一致。图例一般放在图的下方或左侧。

（4）附图。

附图是指主图外加绘的图件，起到对主图的补充或深入说明的作用。专题图中的附图，包括主图位置示意图、区划略图、重点区域放大图、图表等。附图放置的位置应根据图面的形状灵活处理。

（5）文字说明。

专题地图的文字说明，主要是对地图的数学基础（如投影方法）、资料使用情况、制图时间、制图单位、出版单位等信息的简要说明，以及制图区域或主题内容的文字介绍，要求简单扼要，一般安排在图例中或图中空隙处。

（6）图廓。

图廓就是主图的边框，由内图廓和外图廓构成，内图廓线划较细，外图廓线划较粗。桌面地图幅面较小，用简单图廓；挂图幅面较大，外图廓可用较复杂的花边装饰。图廓的高宽之比接近黄金分割比例 0.618 时，最能达到人眼的视觉平衡，所以，图廓的高度与宽度之比尽量取 5∶8 或者 3∶5。

复习思考题

1. GIS 主要具有哪些功能？

2. GIS 空间数据采集有哪些注意事项？

3. 地理网络数据集如何构建？

4. 地理空间数据查询有哪些方式？

5. 什么是缓冲区分析？

6. 请说明如何利用缓冲区分析和空间数据查询获取航线保护区最大障碍物标高。

7. DEM 有哪两种数据模型？

8. 请分析 DEM 在民用航空有哪些应用。

9. 请说明利用 GIS 制作专题地图的流程。

10 请说明 GIS 的量算功能在航空中有哪些应用。

第6章 GIS 在民用航空中的应用

6.1 概 述

"十一五"以来，中国民航运输快速发展。根据全国机场生产统计公报，2010 年，中国大陆定期航班通航机场 175 个，旅客吞吐量 56 431.2 万人次，比 2009 年增长 16.1%。飞机起降架次 553.2 万架次，比上年增长 14.3%。年旅客吞吐量超过 1 000 万人次的机场达到 16 个，完成旅客吞吐量占全部机场旅客吞吐量的 67.7%。

随着中国经济和民航运输业的高速发展，航空运输的任务变得越来越艰巨，如何通过改善民航运输管理水平来提高民航运输的生产效率，是迫切需要解决的问题。航空运输系统是由机场、空中交通管理和航空运输企业所构成的一个社会技术系统，该系统的机场和空中交通管理与地理信息具有直接的密切关系。如前面章节所述，地理信息系统由于其强大的空间地理数据管理和分析功能，已经广泛地应用到国民经济和社会生活的各个领域，并取得了极大的经济及社会效益，因此将 GIS 在民用航空领域也有着极大的应用前景。

机场作为航空运输的陆侧节点，是航空运输系统的重要组成部分，机场的建设与安全运行对民航发展具有重要的影响。我国国土面积全世界排名第 3，地形复杂多样，平原、丘陵、盆地、山地、高原一应俱全，利用 GIS 可以在机场规划选址、新建机场、改扩建机场的计算和辅助决策方面作为良好的平台。机场运行管理范畴的噪声评价、净空管理、场道、助航设施的管理、机场应急救援的科学决策等方面，都可以依托 GIS 作为技术平台，提升管理和决策的科学性，提高机场安全运行水平。

空中交通管理是指利用通讯、导航、监视设施对航空器的空中活动所进行的空中交通管制、航空情报服务和告警服务。空中交通管理的飞行程序设计、航路划设、航图的机助制图、导航台选址、航线网络的管理等，也都涉及地形地物等基础地理信息服务。

因为机场应急救援范围为以机场 ARP 为中心、半径 8 km 的机场区域，救援工作涉及救援领导小组信息管理、救援设施管理、各种机场应急事件的响应程序和救援最佳路径的选择，因此，利用 GIS 平台软件对机场应急救援综合方格网图进行矢量化，建立救援范围内道路、水系、居民地、消防栓等基础地理数据和救援设施的空间数据库，对矢量地图的各种要素进行风格设置，生成道路网络，开发机场应急救援 GIS 系统，可提高民用机场的应急救援水平。本章以基于 GIS 应用平台软件的机场应急救援 GIS 系统开发为例，说明 GIS 在航空中的应用系统开发流程。

6.2 GIS 在机场应急救援中的应用

6.2.1 民用运输机场应急救援规则简介

进入 21 世纪以来，世界范围内出现了一系列突发事件和重大自然灾害，如"9·11"事件、印度洋地震海啸、"5·12"汶川大地震等。我国政府认识到，加强突发事件和重大自然灾害的应对工作势在必行。国务院于 2006 年 1 月 8 日发布《国家突发公共事件总体应急预案》，总体预案将突发公共事件分为自然灾害、事故灾难、公共卫生事件、社会安全事件四类。在总体预案中，明确提出了应对各类突发公共事件的六条工作原则：以人为本，减少危害；居安思危，预防为主；统一领导，分级负责；依法规范，加强管理；快速反应，协同应对；依靠科技，提高素质。针对民航领域，国务院于 2006 年 1 月 22 日发布了《国家处置民用航空器飞行事故应急预案》，预案指出其编制目的在于：建立健全民用航空器飞行事故应急机制，提高政府应对突发危机事件的能力，保证民用航空器飞行事故应急工作协调、有序和高效进行，最大限度地减少人员伤亡，保护国家和公众财产安全，维护社会稳定，促进航空安全。

为了规范民用运输机场应急救援工作，有效应对民用运输机场突发事件，避免或者减少人员伤亡和财产损失，尽快恢复机场正常运行秩序，根据《中华人民共和国民用航空法》、《中华人民共和国突发事件应对法》和《民用机场管理条例》，中国民用航空局于 2011 年 7 月 4 日颁布《民用运输机场突发事件应急救援管理规则》（CCAR-139-Ⅱ-R1），自 2011 年 9 月 9 日起施行。

该规则成为各运输机场制定应急救援计划的基本法规依据。

《民用运输机场突发事件应急救援管理规则》（以下简称《机场救援规则》）分为总则、突发事件分类和应急救援响应等级、应急救援组织机构及其职责、突发事件应急救援预案、应急救援的设施设备及人员、应急救援的处置与基本要求、应急救援的日常管理与演练、法律责任及附则等九章。《机场救援规则》的总则确定应急救援工作应遵循的基本原则为：最大限度抢救人的生命及减少财产损失，预案完善、准备充分、出动及时、救援有效，以此作为机场应急救援工作的总纲和全体参加救援人员的行为准则。《机场救援规则》还规定机场及其邻近区域内发生的航空器突发事件和非航空器突发事件由机场应急救援指挥中心统一指挥实施应急救援。机场及其邻近区域指的是机场围界范围内及以及距机场每条跑道中心点 8 km 范围内的区域。根据机场应急救援工作的总体原则，确定机场应急救援 GIS 系统的地理空间范围为机场及其邻近区域。

6.2.2 民用运输机场应急救援 GIS 系统功能分析

民用运输机场应急救援 GIS 系统基于 SUPERMAP DESKPRO 6.0 桌面平台软件设计，该系统的设计目标为：利用 GIS 实现运输机场应急救援工作的数字可视化管理。着重利用 GIS 网络分析功能，根据机场区域路网状况，实现应急救援最佳路径的动态选择和救援最近设施的查找定位。

根据系统设计目标，确定系统功能模块，如图 6.1 所示，主要包括机场地理实体图层管理、机场地理实体空间查询、机场应急救援最佳路径分析和应急救援最近设施查找。下面对系统的各功能模块进行详细阐述。

图 6.1 民用运输机场的功能模块

1. 机场地理实体图层管理

以民用运输机场应急救援综合方格网图和机场区域方格网图为地图，将消防栓、机场邻近区域道路网络、机场道面、候机楼等救援资源和设施进行矢量化，分别建立相应的点、线、面图层，实现数字地图按图层放大、缩小、漫游、编辑、存储和管理。

2. 机场地理实体空间查询

利用 SUPERMAP DESKPRO 6.0 完成各图层的屏幕矢量化后，将应急救援领导小组、通讯联络信息、救援消防设施、协议救援单位等作为属性数据关联到相应的机场各地理实体图层，设计各图层的属性字段，编辑录入各图层的属性数据，实现图形关联查询属性信息、属性信息关联查询图形或 SQL 查询功能。

3. 机场应急救援最佳路径分析

最佳路径的概念是最短路径的广义延伸，可以是通行时间最短、耗油最少、成本最低等作为目标函数分析出的路由。从应急救援以人为本的基本原则为出发点，若机场区域道路网络复杂，机场及其邻近区域发生航空器突发事件后，需要以各救援单位最快到达事件发生地为目标函数，建立"路径-时间映射"数学模型，采用网络分析理论搜索出从各救援单位、人员集结地点到达事件发生地的路由。最佳路径的分析建立在路网通行能力各属性字段属性的实时更新，比如道路宽度、路面状况、交通流量等属性须定期根据调查资料更新。另外，当路网发生维修断道等情况时，系统中应该具有设置障碍点、障碍边进行回避障碍的最佳路径搜索功能。

4. 应急救援最近设施查找

当民用运输机场发生突发事件后，为高效进行应急处置，需要以事件点为中心，利用网络分析功能查找出距离事件点最近的设施，比如机场消防池、消防栓、协议救援的公安、医院和消防队等。进行最近设施查找时，前提条件是须建立网络、完成网络分析参数设置。

6.2.3 民用运输机场应急救援 GIS 系统空间数据库设计

民用运输机场应急救援 GIS 系统空间数据库设计的依据为机场应急救援综合方格网图和机场区域方格网图。为便于计算距离，机场区域应急救援方格网图采用的坐标为自定义平面坐标，比例尺为 1∶5 000；综合方格网图以 1∶25 000 基本比例尺地形图为底图，标绘方格网和机场区域相关信息及 8 km 距离圈，重点标明河流、池塘、道路、协议救援单位位置等信息。

根据《民用运输机场突发事件应急救援管理规则》（CCAR-139-Ⅱ-R1）第二十四条规定，为体现 GIS 数字地图漫游、缩放功能的优势，将机场应急救援应当制作的两种方格网图合并到一张数字地图中。根据比例尺大小和机场应急救援方格网图要求标绘信息的尺寸，将各种标绘地理实体要素归并为点、线、面，建立表 6.1 所列的数据层。

表 6.1 机场应急救援 GIS 数据层

数据类型	名称	描述
点	Xfc_P	消防池
	Xfs_P	消防栓
	Crk_P	机场围界出入口
	Yy_P	协议救援医院
	Xfd_P	协议救援消防队
	Wjjd_P	外场集结点
	Ljjd_P	内场集结点
	Jmd_P	居民点
线	Jcwj_L	机场围界
	Dl_L	道路
	Hl_L	河流
面	Jcpd_R	跑道
	Hxd_R	滑行道
	Tjp_R	停机坪
	Hzl_R	航站楼
	Hgl_R	航管楼
	Tzck_R	特种车库
	Xfzx_R	机场消防中心
	Ylzx_R	机场医疗中心
	Zhzx_R	应急救援指挥中心

表 6.1 中的机场应急救援 GIS 数据层除了具有特定的地理位置外，还具有特定的属性。比如，协议医疗救护单位的等级、救护车数量、住院床位和医务人员数量等。只有将各数据层的属性数据录入后，才能实现图形和属性的关联查询及空间分析各种功能。

表 6.1 所列的各数据层中，涉及应急救援通信联络、救援设施设备和人员调配的数据层主要包括协议救援医院、消防队、航管楼、特种车库、机场消防中心、机场医疗中心和应急救援指挥中心，根据《民用运输机场突发事件应急救援管理规则》（CCAR-139-Ⅱ-R1）的相关规定，设计以上数据层的地理实体属性表单，如表 6.2 ~ 6-8 所示。

表 6.2　协议救援医院表单

Entity	Attributes	Description	Data Type And Length	NULLS	Primary Key
Yy_P	SmID	医院编号	长整型（4）	否	是
	Yyname	医院名称	文本（12）	是	否
	Grade	医院等级	文本（8）	是	否
	Ambulances	救护车数量	长整型（4）	是	否
	Beds	住院床位	长整型（4）	是	否
	Doctors	医务人员数	长整型（4）	是	否
	Name	负责人姓名	文本（8）	是	否
	Telephone	值班电话	文本（12）	是	否
	Cellphone	负责人手机	文本（11）	是	否

表 6.3　消防队表单

Entity	Attributes	Description	Data Type And Length	NULLS	Primary Key
Xfd_P	SmID	消防队编号	长整型（4）	否	是
	xfdmc	消防队名称	文本（8）	是	否
	Name	负责人姓名	文本（8）	是	否
	Telephone	值班电话	文本（12）	是	否

续表 6.3

Entity	Attributes	Description	Data Type And Length	NULLS	Primary Key
Xfd_P	Cellphone	负责人手机	文本（11）	是	否
	Xfcsl	消防车数量	长整型（4）	是	否
	Gbsl	消防官兵人数	长整型（4）	是	否

表 6.4　航管楼表单

Entity	Attributes	Description	Data Type And Length	NULLS	Primary Key
Hgl_R	SmID	航管楼编号	长整型（4）	否	是
	Telephone	值班电话	文本（12）	是	否
	name	名称	文本（12）	是	否

表 6.5　特种车库表单

Entity	Attributes	Description	Data Type And Length	NULLS	Primary Key
Tzck_R	SmID	特种车库编号	长整型（4）	否	是
	Telephone	值班电话	文本（12）	是	否
	Lxrxm	联系人姓名	文本（8）	是	否
	Lxrsj	联系人手机	文本（11）	是	否
	Tzcsm	特种车说明	文本（50）	是	否
	Name	名称	文本（12）	是	否

表 6.6　机场消防中心表单

Entity	Attributes	Description	Data Type And Length	NULLS	Primary Key
Xfzx_R	SmID	消防中心编号	长整型（4）	否	是
	Telephone	值班电话	文本（12）	是	否
	Xfcsl	消防车数量	长整型（4）	是	否
	Gbsl	消防官兵人数	长整型（4）	是	否
	name	名称	文本（12）	是	否

表 6.7　机场医疗中心表单

Entity	Attributes	Description	Data Type And Length	NULLS	Primary Key
Ylzx_R	SmID	医疗中心编号	长整型（4）	否	是
	name	名称	文本（12）	是	否
	Telephone	值班电话	文本（12）	是	否
	Ambulances	救护车数量	长整型（4）	是	否
	Doctors	医务人员数	长整型（4）	是	否
	Bzxx	机场医疗条件说明	文本（50）	是	否

表 6.8　机场应急救援指挥中心表单

Entity	Attributes	Description	Data Type And Length	NULLS	Primary Key
Zhzx_R	SmID	指挥中心编号	长整型（4）	否	是
	name	名称	文本（12）	是	否
	Telephone	值班电话	文本（12）	是	否
	Leader	负责人姓名	文本（8）	是	否
	Cellphone	负责人手机	文本（11）	是	否
	Zhcsb	应急救援指挥车设备	文本（50）	是	否

6.2.4　民用运输机场应急救援 GIS 系统的功能实现

1. 民用运输机场应急救援 GIS 系统空间数据库建立

民用运输机场应急救援 GIS 系统空间数据库建立主要以机场区域应急救援方格网图、机场应急救援综合方格网图、1∶25 000 地形图为背景，重点参考机场及其邻近地区（ARP 为中心，半径 8 km）的道路、河流、居民点、铁路、医院、消防队和机场跑道、滑行道、停机坪、围界、救援道路及各种应急救援相关设施进行数字化，对矢量化的道路进行网络拓扑处理，形成网络图层。完成机场应急救援空间数据库建立后，逐一对各图层进行风格设置，形成数字化地图。以数字地图为背景，可进行各种应急救援设施管理和应急救援最佳路径分析。

SUPERMAP DESKPRO 6.0 采用双文件方式管理空间数据库，称为 GIS 数据源——扩展名为 SDB 的文件存储空间数据，扩展名为 SDD 的文件存储属性数据。SUPERMAP DESKPRO 6.0 采用工作空间文件管理用户工作环境，包括用户在工作环境和工作过程中操作和处理的数据源、地图、布局、三维场景和资源（见图 6.2），工作空间文件的扩展名为*.smw。

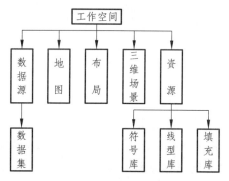

图 6.2　工作空间组成

工作空间中数据集是最基本的空间数据组织单位，用于存储相同类型的几何对象。对于机场应急救援系统，每个数据层为一个数据集，完成各数据集的数字化后即可打开数据集，进行风格设置，形成各地理空间图层。由同种类型数据组成的数据集，在 SuperMap GIS 中有十八种类型的数据集，如点数据集、线数据集、面数据集、TIN 数据集、GRID 数据集（DEM 数据集）、NetWork 数据集、文本数据集等。使用 SuperMap GIS 软件时，可以先建立工作空间，然后在工作空间中建立或打开数据源，在数据源中再新建或导入数据集；也可以先新建或打开数据源，完成新建或导入各种类型数据集后，若进行了图层风格设置保存了地图，最后再保存工作空间。

SUPERMAP DESKPRO GIS 的用户界面如图 6.3 所示，图中的工作空间管理器主要用于实现数据集新建与导入、数据源的新建与打开、工作空间的打开与关闭，图例管理器用于各图层的显示与关闭、叠放顺序的设置，输出窗口主要用于显示对用户的各种提醒信息，状态栏主要显示鼠标所在位置的坐标信息和地图比例尺。

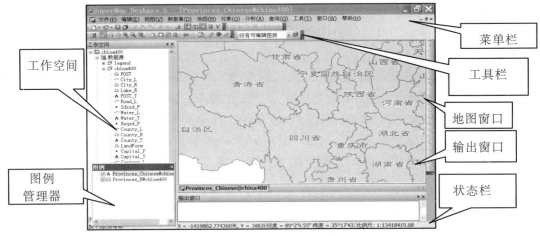

图 6.3　SUPERMAP DESKPRO GIS 的用户界面

民用运输机场应急救援 GIS 系统空间数据库建立按照以下流程操作：新建数据源→导入机场区域应急救援方格网图、综合方格网图、1∶25 000 地形图→地图配准→新建 6.2.3 节表 6.1 所列 Yy_P、Xfd_P、Dl_L、Jcpd_R 等数据集→设置各数据集属性字段→屏幕矢量化各数据集→录入各数据集属性值。

在计算机中安装好 SUPERMAP DESKPRO 6.0 后，双击桌面图标打开软件后的初始界面如图 6.4 所示。在初始界面中鼠标右键单击工作空间管理器窗口的数据源，选择新建数据源后弹出新建数据源窗口，如图 6.5 所示，点选 SDB 数据源，输入"机场救援 GIS 系统"作为数据源文件名。在新建数据源时，需要指定坐标系信息。SuperMap Deskpro 6.0 提供了三种坐标：平面坐标系、地理坐标系以及投影坐标系。由于机场应急救援综合方格网图和机场区域应急救援方格网图已建立有一边和跑道平行的方格网，因此，点击新建数据源窗口的设置坐标系按钮后，在弹出的坐标系统设置窗口（见图 6.6）中点选"普通平面坐标系"并设置坐标单位为"米"后即完成数据源新建。

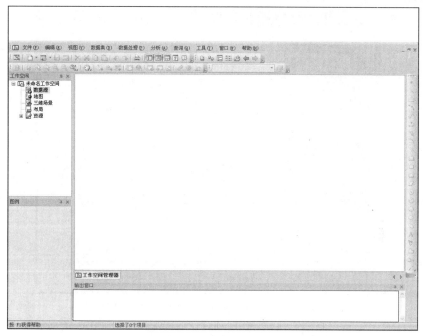

图 6.4 SUPERMAP DESKPRO 6.0 初始界面

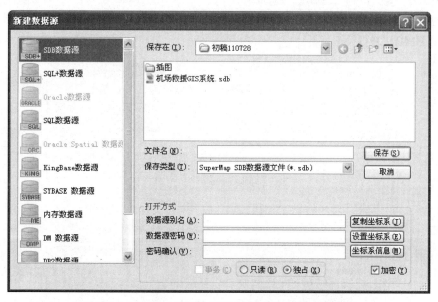

图 6.5 新建机场救援 GIS 系统 SDB 数据源窗口

图 6.6　新建数据源坐标系统设置窗口

新建"机场救援 GIS 系统"数据源后，在系统主界面的机场救援 GIS 系统数据源名称上鼠标右键单击，点选导入数据集，弹出"数据导入"窗口（见图 6.7），在该窗口中点击"添加文件…"导入预先扫描并处理好的机场区域应急救援方格网图、综合方格网图、1：25 000 地形图等图形文件，格式可采用 BMP、JPG 等。

图 6.7　数据集导入窗口

由于新导入的数据集采用系统自定义的普通平面坐标，和实际地图的坐标格网不匹配，因此，导入数据集后的一项重要工作就是地图配准。地图配准之前，应明确配准图层和参考图层之间的对应关系。如果已有坐标信息明确的数字化参考图层，可以根据参考图层的配准点对配准图层的相应点进行刺点，进行误差分析后即可进行配准操作；如果缺乏已有坐标信息的参考图层，就需要人工计算出配准图层上 2 个以上基准点的平面坐标信息，在配准窗口中人工输入配准坐标后进行地图配准。如图 6.8 所示，某机场区域应急救援综合方格网图的四个角点的坐标如图中的 *A*、*B*、*C*、*D*。在 SUPERMAP DESKPRO 6.0 中进行地图配准时，单击菜单栏中的"数据处理"，再点击"新建配准窗口…"，弹出"配准数据设置"窗口（见图 6.9），在该窗口中设置好配准图层、参考图层（无参考图层时留空）和结果图层后，点击"确定"按钮，弹出如图 6.10 所示的配准操作窗口和配准工具栏。在配准窗口或参考图层中单击鼠标右键都可以实现地图平移、缩放和刺点操作，以方便准确地对基准点进行屏幕刺点。

在配准操作工具栏中选择线性配准（至少 4 个控制点）后，在配准图层中按逆时针方向顺序对图 6.8 中的 4 个控制点依次刺点，然后单击屏幕坐标窗口对应刺点调出输入控制点窗口，输入 4 个控制点横纵向坐标后，单击配准操作工具栏的配准按钮，即可完成地图配准（见图 6.11）。在"机场救援 GIS 系统"数据源下生成"配准机场区域应急救援综合方格网图"数据集。

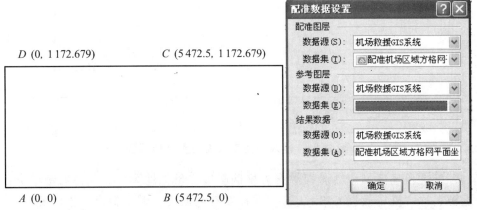

图 6.8　某机场待配准方格网图的角点坐标　　图 6.9　配准数据设置窗口

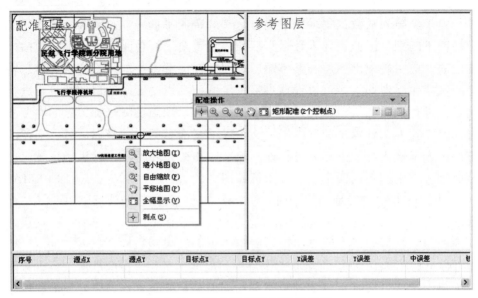

图 6.10　配准操作窗口和工具栏

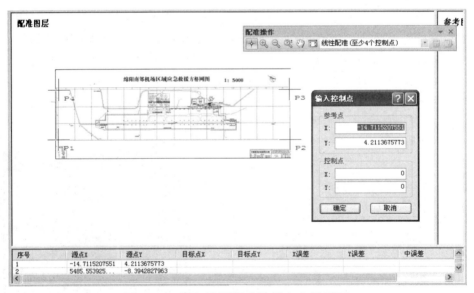

图 6.11　输入地图配准控制点坐标界面

　　配准机场区域应急救援综合方格网图等矢量化地图后，鼠标右键单击数据源名称"机场救援 GIS 系统"，选择新建数据集，弹出新建数据源窗口后，根据表 6.1 的设计，逐一在新建数据集窗口中建立 Yy_P、Dl_L 和 Jcpd_R 等点、线、面数据集，如图 6.12 所示。

图 6.12 新建数据集

建好所有数据集后，鼠标右键逐一单击各数据集，在弹出的快捷菜单中选择最后一项"属性"，在属性窗口中点击"属性表结构"，根据表 6.2～6-8的表单设计，输入各机场救援地理实体图层的属性字段名称、类型、长度，选择缺省值和是否可以留空，完成属性设置，如图 6.13 所示。

序号	名称	别名	字段类型	长度	缺...	必填
1	*SmID	SmID	长整型	4		是
2	SmUserID	SmUserID	长整型	4	0	是
3	名称	名称	文本型	12		否
4	等级	等级	文本型	12		否
5	住院床位数量	住院床位数量	长整型	4		否
6	医务人员数量	医务人员数量	长整型	4		否
7	负责人姓名	负责人姓名	文本型	8		否
8	负责人联系电话	负责人联系电话	文本型	11		否
9	值班电话	值班电话	文本型	11		否
10	救护车数量	救护车数量	短整型	2		否

图 6.13 Yy_P 图层的属性表结构设计

完成各机场救援地理实体的属性设置后，双击配准后的机场区域应急救援综合方格网图，打开地图并缩放至合适屏幕尺寸，从工作空间管理器窗口中逐一单击机场跑道、停机坪、航管楼、应急救援指挥中心等数据集，拖放至地图窗口。设置各数据集为可编辑状态，调入"对象绘制"工具栏，选择点、线、面相应图形按钮后，在地图窗口中跟踪绘制相应的机场跑道、停机坪、航管楼、应急救援指挥中心等地理实体，完成屏幕矢量化的数据采集。机场围界图层的矢量化如图6.14所示。

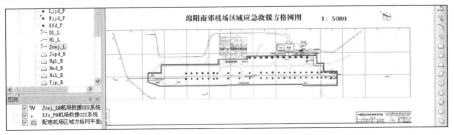

图6.14　机场围界图层矢量化

矢量化完成所有数据集的数字化工作后，需要录入各数据集的属性数据，作为空间分析的基础数据。属性数据录入的最佳方式为通过关联浏览属性数据输入。打开机场区域应急救援综合方格网图和待录入属性数据的数据集后，鼠标右键单击图例窗口的数据集名称，选择"关联浏览属性数据"，在地图窗口水平并排的配准底图上逐一单击矢量化后的数据集地理实体对象，当关联到相应的属性表后，输入相应的各字段属性数据。图6.15所示为某机场协议救援医院属性数据的关联浏览录入。完成所有数据集的属性数据录入后，即完成了机场应急救援GIS系统空间数据库的建立。

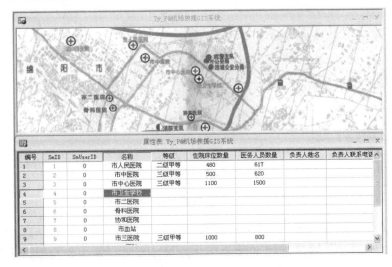

图6.15　某机场协议救援医院属性数据录入

2. 民用运输机场应急救援消防设施装备管理

根据《民用运输机场突发事件应急救援管理规则》（CCAR-139-Ⅱ-R1），各民航运输机场的管理机构应当按照《民用航空运输机场飞行区消防设施》的要求配备机场飞行区消防设施，另外还应当按照《民用航空运输机场消防站消防装备配备》的要求配备机场各类消防车、指挥车、破拆车等消防装备，并应保证消防设施和装备在机场运行期间始终处于适用状态。有关运输机场消防设施装备要求的两个规定文件已成为各运输机场进行消防能力建设的基本依据。

完成机场区域应急救援综合方格网图数字化后，可以将飞行区的消防池、消防栓和机场消防站的各种消防装备作为机场地理对象的属性录入属性表，通过图形与属性的关联查询等查询方式实现可视化管理。

图 6.16 为打开某机场飞行区图层和消防池图层并进行风格设置后的地图，从图中可以看出，该机场在停机坪旁边建设有 4 个消防池。根据需要，可以在消防池的属性表中设计消防池尺寸和蓄水量等属性，在 GIS 系统的地图窗口中双击某蓄水池，即可实时查询其属性信息，如图 6.17 所示。类似地，可以查询到该机场在跑道和停机坪旁边一共建有 73 个消防栓，如图 6.18 所示。该机场的消防中心建在停机坪的旁边，双击其图形对象，可以通过属性表查询到该机场消防中心建筑面积为 1 283 m^2，并可查询到消防中心的值班电话、消防车数量等信息，如图 6.19 所示。

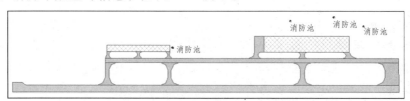

图 6.16 某机场消防池分布情况

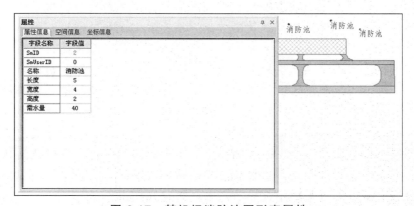

图 6.17 某机场消防池图形查属性

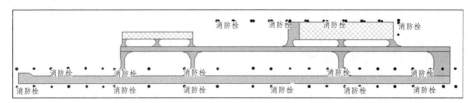

图 6.18 某机场消防栓分布情况

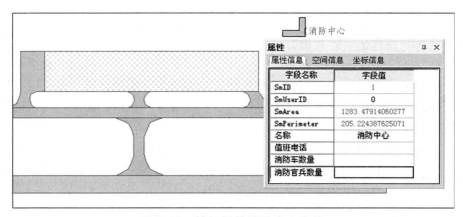

图 6.19 某机场的消防中心查询

3．民用运输机场航空器救援最佳路径分析

民用运输机场发生航空器突发事件后，尤其是发生航空器失事等严重影响旅客生命财产安全的突发事件，要求机场公安、消防、医疗和指挥中心等应急救援单位人员紧急出动，在最短时间内到达事故地点。

对于机场围界以内发生的航空器突发事件，机场各应急救援单位可以沿着机场规定道路以最快速度到达事故点，不会发生机场外部道路拥堵、断道等影响救援时间的问题。另外，当需要应急救援人员、车辆通过运行中的停机坪、滑行道和跑道到达事故点施救时，经过空中交通管制人员许可，救援人员、车辆不受行车路线的限制。因此，机场内部的应急救援，影响救援时间的最直接因素为救援道路距离。以矢量化后的道路数据集为基础数据，通过拓扑处理构建网络数据集，利用 GIS 的网络分析功能，可快速确定机场内部从救援集结待命点到达事故点的路由。如图 6.20 所示，蓝色虚线为从某机场的机场内场集结待命点到达事故点的救援路线,该路线为不影响机场运行,通过机场巡场道到达跑道中部事故点的救援路线。

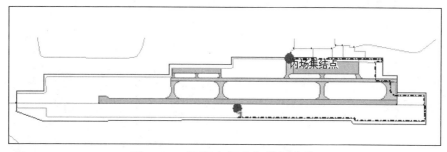

图 6.20 机场内部应急救援路线

机场围界以外、机场应急救援 8 km 范围内的航空器突发事件应急救援工作受到机场周边地形和道路的影响。机场周边道路的交通以机动车为主，一般情况下，若不考虑道路交通流量对道路通行能力的影响，从各救援单位到达场外事故点总距离最小的行车路径为最佳路径；若考虑交通流量对道路通行能力的影响，则应以实际行车时间作为路阻函数，采用前文介绍的狄克斯特拉算法，搜索出行车时间最短的路径，作为机场应急救援的最佳路径。考虑交通流量对道路通行能力的影响，实际上就是考虑道路的交通饱和度对通行时间的影响。道路饱和度是道路交通流量与道路设计通行能力的比值。考虑道路交通流量对通行时间影响的数学模型中，美国联邦公路局公布的路阻模型最为简单实用，其数学模型为

$$t = t_0[1 + 0.15(V/C)^4]$$

式中　t——行程时间，min；

　　　t_0——自由行驶时的最短行程时间，min；

　　　V——道路交通量，辆/h；

　　　C——道路通行能力，辆/h；

利用 GIS 网络分析功能进行最佳路径分析时，最短行程时间可以用各路段距离除以设计速度，然后考虑各路段的道路交通饱和度，利用上式换算出各路段的行程时间，将行程时间作为道路的阻抗值，搜索出总行程时间最短的路径作为救援的行车最佳路径。假设机场周边道路中大车路的设计最高速度为 60 km/h，乡村路的设计最高速度为 40 km/h，在 SUPERMAP DESKPRO 6.0 系统的某机场道路数据集 Dl_L 的属性表中新建属性字段"行程时间"，根据道路流量调查数据，利用以上计算模型计算出各条大车路和乡村路的最短行程时间，并考虑道路饱和度的实际行程时间，利用关联浏览查询功能输入各路段的行程时间，完成属性数据录入，见图 6.21。

类别	公里距离	最短行程时间	换算系数	行程时间
大车路	2.73257182406108	0.045542863734351	1.009375	596982808
大车路	0.155068244513407	0.00258447074189	1.009375	260870015
南端2号救援	0.372204658648338	0.006203410977472	1.009375	626156795
南端1号救援	0.223494371699625	0.003724906194994	1.009375	375982719
大车路	0.179943075451548	0.002999051257526	1.009375	302716736
大车路	0.088378720412238	0.001472978673537	1.009375	148678784
大车路	0.116097870096769	0.001934964501613	1.009375	195310479
大车路	0.04700594874887	0.000783432479148	1.009375	007907771E
大车路	3.51312385142721	0.058552064190453	1.009375	910098979
大车路	0.7648383875096	0.012747306458493	1.009375	286681245
大车路	1.24217549655237	0.020702924942539	1.009375	089701486
大车路	1.5827101037705	0.026378501729508	1.06144	799919687
大车路	2.91487964861256	0.048581327476876	1.098415	336245882
大车路	3.32479888136356	0.055413314689393	1.009375	593281451
大车路	0.919371968855624	0.015322866147594	1.009375	546651801
大车路	0.323010388972999	0.005383506482883	1.009375	054339768E
大车路	1.14934269933709	0.019155711655618	1.009375	933529645
大车路	1.15589336591754	0.019264889431959	1.009375	944549777
大车路	3.36576201684097	0.056096033614016	1.009375	662193392
乡村路	1.2101596781218	0.030253991953045	1.009375	053762312

图 6.21　各路段实际行程时间属性表

完成道路属性编辑后，为进行网络分析，需要利用 GIS 软件的拓扑错误处理功能进行道路拓扑错误处理，并生成网络数据集。分别将最短行程时间和实际行程时间作为正反向阻力字段，设置好网络分析参数，假设事故点为报恩寺，从市经开区医院至事故点报恩寺的应急救援最佳路径分别见图 6.22 和图 6.23。由两图可见，是否考虑道路实际交通流量的最佳救援道路有明显区别。如果道路网络中的某节点即道路交叉口进行维修断道，可以在 GIS 系统中将其设置为障碍点，实时生成相应的应急救援最佳路径，如图 6.24 所示。综上所述，利用 GIS 系统实时更新道路交通流量和维修状况，才能实现应急救援最佳路径的动态管理。

图 6.22　最短行程时间的应急救援最佳路径

图 6.23　实际行程时间的应急救援最佳路径

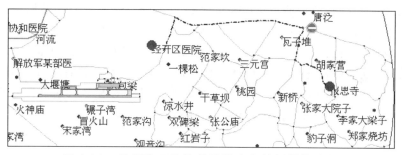

图 6.24　考虑路口维修断道的应急救援最佳路径

复习思考题

1. 试结合 SUPERMAP GIS 应用平台软件说明 GIS 软件的功能。

2. 利用 SUPERMAP 进行高空航图的矢量化，提取特殊空域制作专题图。

3. 利用大比例尺地形图提取等高线，练习生成 DEM，并生成三维透视图。

4. 利用生产的 DEM 数据，练习挖填方的处理方法。

5. 利用矢量化高空航线练习生成网络，对航线角、航段距离、最低安全高度赋值，以航段距离为路阻值，练习最短路径查询分析。

附录　常用 GIS 软件介绍

从加拿大政府组织研发 CGIS 以来，目前国外研发的成熟商用 GIS 软件主要包括美国 ESRI 公司的 ArcGIS、MapInfo 公司开发的 MapInfo 等。国内开发的较为成熟的商用 GIS 软件主要包括：中国地质大学的 MapGIS、北京超图公司的 SuperMap、北京大学的 Citystar 和武汉大学的 Geostar 等。从 20 世纪 90 年代以来国内研发的 GIS 软件打破了国外 GIS 软件对我国市场的垄断，开创了计算机编制和地学相关图件的新时代，对国民经济发展、提高相关领域科学技术水平发挥了积极的推动作用。目前，GIS 在我国已经发展为具有一定规模的经济产业。本附录重点对 ESRI 公司的 ArcGIS 和中国地质大学的 MAPGIS 作一简要介绍，使读者了解国内外 GIS 软件的体系结构。

一、ESRI 公司的 GIS 产品

ESRI（Environmental Systems Research Institute）公司于 1969 年成立于美国加利福尼亚州 Redlands 市，主要从事 GIS 工具软件的开发和 GIS 数据生产。

ESRI 的产品中，最主要的是运行于 UNIX/Windows NT 平台上的 ArcInfo，由 Workstation ArcInfo 和 Desktop ArcInfo 两部分组成。

（1）Workstation ArcInfo 基于拓扑数据模型，实现了图库管理，并且具有栅格数据的分析功能，支持矢量栅格一体化查询和叠加显示。此外，ArcInfo 还提供二次开发语言 AML 以及开放开发环境 ODE，以便于用户定制自己的 GIS 应用。

Workstation ArcInfo 提供了最基本的 GIS 功能，包括数据录入与编辑、投影变换、空间查询与分析（缓冲区分析、叠加分析等）、地图制图。除了上述基本功能以外，Workstation ArcInfo 还通过一些扩展模块实现特定的功能：

TIN：基于不规则三角网的地形模型生成、显示和分析模块，可以根据等高线、高程点生成 DEM，并进行通视分析、剖面分析和填挖方计算等。

GRID：栅格分析处理模块，可以对栅格数据进行输入、编辑、显示、分析和输出。

　　NETWORK：网络分析模块，具有最短路径选择、资源分配、中心定位等功能，应用于交通、市政、电力等领域的管理和规划。

　　ARCSCAN：扫描矢量化模块。

　　ArcPress：图形输出模块，可以将制图数据转换成为 PostScript 格式，并可分色制版。

　　（2）Desktop ArcInfo 包括三个应用：Arc Map、Arc Catalog 和 Arc Toolbox。Arc Map 实现了地图数据的显示、查询和分析；Arc Catalog 用于基于元数据的定位、浏览和管理空间数据；Arc Toolbox 是由常用数据分析处理功能组成的工具箱。

二、中国地质大学的 MAPGIS 软件

　　MAPGIS 是中国地质大学开发的地理信息系统软件，其功能模块包括：

　　（1）数据输入模块：提供了多种空间数据输入手段，包括数字化仪输入、扫描矢量化输入以及 GPS 输入。

　　（2）数据处理模块：可以对点、线、面等多种矢量数据进行处理，包括编辑修改、投影变换等。

　　（3）数据输出：可以将编排好的图形显示到屏幕或者输出到指定设备上，也可以生成 PostScript 或 EPS 文件。

　　（4）数据转换：提供了 MAPGIS 与其他系统之间数据转换的功能。

　　（5）数据库管理：实现了对空间和属性数据库管理和维护。

　　（6）空间分析：提供了缓冲区分析、叠加分析、网络分析等一系列空间分析功能。

　　（7）图像处理：图像配准镶嵌以及处理分析模块。

　　（8）电子沙盘系统：实时生成地形三维曲面。

　　（9）数字高程模型：可以根据离散高程点或者等高线插值生成网格化的 DEM，并进行相应的分析，如剖面分析、遮蔽角计算、挖填方计算等。

参考文献

[1] 吴信才. 地理信息系统原理与方法[M]. 2 版. 北京：电子工业出版社，2009.

[2] 刘祖文. 3S 原理与应用[M]. 北京：中国建筑工业出版社，2006.

[3] 汤国安. 地理信息系统教程[M]. 北京：高等教育出版社，2007.

[4] 覃辉. 测量学[M]. 北京：中国建筑工业出版社，2007.

[5] 陈建飞. 地理信息系统导论[M]. 北京：清华大学出版社，2009.

[6] 陈肯. 航行情报服务[M]. 成都：西南交通大学出版社，2003.

[7] 焦健. 地图学[M]. 北京：北京大学出版社，2005.

[8] 邬伦. 地理信息系统原理和方法[M]. 北京：北京大学出版社，2000.

[9] 杜浩，等. 基于 GIS 的机场噪声评价系统[J]. 计算机工程，2009，35（5）262-263.

[10] 凌建明，等. 上海机场道面管理系统研究与开发[J]. 同济大学学报：自然科学版，2005，38（8）：1045-1046.

[11] 迟文学，等. 基于 GIS 民航应急救援与辅助决策支持系统研究[J]. 交通与计算机，2005，23（126）：46-48.

[12] 卢敏，吴洁明，王保强. 标准仪表离场程序的计算机实现[J]，航空计算技术，2005，36（2）：56-59.

[13] 陈述彭，地球信息科学[M]. 北京：高等教育出版社，2007.

[14] Comfor, Lousis K.Risk, Security, and Disaster Management[J].Annual Review of Political Science, 2005（8）：35-56.

[15] Xu F, Louise J.SARS in Canada and China：Two Approaches to Emergency Health Policy Governance[J]. An International Journal of Policy, Administration and Institutions, 2007, 20（2）：209-232.

[16] 刘湘南，黄方，王平，等. GIS 空间分析原理与方法[M]. 北京：科学出版社，2005.

[17] 倪金生，曹学军，张敏. 地理信息系统理论与实践[M]. 北京：电子工

业出版社，2007.

[18] Donati L，Turrini MC.An objective method to rank the importance of the factors Predisposing to landslides with the GIS methodology：application to an area of the Apennines[J].Engineering Geology，2002，63（3）：275-290.

[19] 李希建，林柏泉. 基于 GIS 的煤矿灾害应急救援系统的应用[J].采矿与安全工程学报，2004.

[20] 张斌，黄全义，张松波.GIS 在城市应急救援中的应用[J].地理空间信息，2007，5（1）：105-107.

[21] 凌建明，王　伟，袁　捷.GIS 在机场道面管理系统中的应用[J].同济大学学报，2003，31（8）：911-915.

[22] 丁立虎，王　治. GIS 在机场规划中的应用研究[J]. 基建优化，2005，26（1）：47-49.

[23] 种小雷，蔡良才. 地理信息系统在机场飞机噪声预测中的应用[J]. 测绘通报，2003（3）：51-53.

[24] 暨育雄，阚胜男，孙立军，等. 基于 GIS 的机场道面管理系统[J]. 交通运输工程学报，2004，4（1）：70-74.

[25] 种小雷，蔡良才，杨锐. 基于 GIS 的机场净空评定方法[J]. 测绘通报，2002（11）：52-54.

[26] 杨军利，余　江. 电子航图在通用航空飞行准备中的应用[J]. 中国民航学院学报，2006，24（3）：32-34.

[27] 周振宇，郭广礼，贾新果. 大地主题解算方法综述[J]. 测绘科学，2007，32（4）：190-191

[28] 蒋　捷. 定位服务中的导航地理数据[J]. 地理信息世界，2003，1（3）：9-13.

[29] 杨玉华，郭圣权.WGS—84 坐标与 BJ—54 坐标之间的坐标转换问题[J]. 科技情报开发与经济，2004，14（3）：165-166.

[30] 余应刚，陈朝晖，包世泰，等. 基于规则与覆盖的 GIS 制图表达[J]. 现代计算机，2009，14（3）：165-166.

[31] 吴勃，　施法中，杨京，等. 基于克隆技术的航图制图系统[J]. 航空学报，2004，25（1）：88-92.

[32] 郑钦明. 美欧目视航图要素标绘比较及启示[J]. 空中交通管理，2010（1）：16-17.

[33] 余 磊，徐国标，黎新. 高原机场的虚拟飞行训练平台开发探讨[J]. 中国西部科技，2011，10（27）：32-34.

[34] 王超，孙岩. 仪表飞行程序运行安全性评价模型与仿真分析[J]. 中国民航大学学报，2011，29（2）：5-8.

[35] 高强，陈欣，汪振华. 基于 GIS 的地面网络最短路实现在机场飞行区应急救援系统的应用研究[J]. 交通信息与安全，2011，29（4）：108-111.

[36] 沈靖翔，况明生，杨坤. 基于 SketchUp 和 ArcGIS 的三维场景构建技术研究[J]. 计算机与现代化，2011（10）：51-53.

[37] 刘本勇，徐国标，黎新. 基于 Google Earth 的航线动态漫游设计与实现[J]. 中国西部科技，2011，10（29）：8-17.

[38] 郝斌，方学东，唐羽. 数字航图在航线设计中的应用[J]. 中国民航飞行学院学报，2010，21（1）：15-17.

[39] 朱长青. 空间分析建模与原理[M]. 北京：科学出版社，2006.

[40] 方学东，宋伟伟，郭沛飞. 基于 ARCGIS 的民用机场场道数字化管理[J]. 交通企业管理，2011，26（2）：55-57.